抗震救灾　众志成城
谨以此书献给汶川地震灾区人民

图　说
地震灾害与减灾对策

宋　波　黄世敏　编著

中国建筑工业出版社

图书在版编目(CIP)数据

图说地震灾害与减灾对策/宋波，黄世敏编著. —北京：中国建筑工业出版社，2008
ISBN 978-7-112-10103-0

Ⅰ.图… Ⅱ.①宋… ②黄… Ⅲ.①地震灾害－图解②地震灾害－自救互救－图解③抗震措施－图解 Ⅳ.P315.9-64

中国版本图书馆CIP数据核字(2008)第070550号

责任编辑：赵梦梅
责任设计：赵 力
责任校对：陈晶晶 关 健

图说地震灾害与减灾对策
宋 波 黄世敏 编著
*
中国建筑工业出版社出版、发行(北京西郊百万庄)
各地新华书店、建筑书店经销
北京嘉泰利德公司制版
北京云浩印刷有限责任公司印刷
*
开本：850×1168毫米 1/32 印张：$3\frac{7}{8}$ 字数：110千字
2008年5月第一版 2008年6月第二次印刷
印数：5001—10000册 定价：5.00元
ISBN 978-7-112-10103-0
(16906)

版权所有 翻印必究
如有印装质量问题，可寄本社退换
(邮政编码 100037)

内容提要

本书以图文并茂的形式首先介绍了地震的基本知识，在对城市地表灾害等物理现象进行分析基础上，对建筑结构、桥梁、公路、铁路、管线等城镇生命线工程灾害进行了归类和介绍。围绕城镇灾后的主要特征，对灾后应急救援及恢复重建中的主要问题进行了论述。

本书可作为土木工程、水利工程、城市规划、土建、交通等行政主管部门提供施政决策的参考。也可以为大专院校、科研单位、设计、施工单位指导震灾之后的恢复和重建提供依据；也可以作为普及培训抗震减灾人员专业知识的辅助教材。

序言

惊悉5·12四川省汶川特大地震，举国哀痛！地震灾害是群灾之首。地震往往在瞬间发生，破坏剧烈、次生灾害严重，加之地震监测预报困难、社会影响深远等特点，地震给人类造成了巨大的灾难。我国是世界上遭受地震灾害最为严重的国家之一，怎样最大限度地减少强烈地震造成的重大人员伤亡和财产损失，是各级政府、行政管理部门、指挥系统、科研机构、设计施工及专业人员义不容辞的责任。

本书是一本关于地震灾害及其对策进行定性解读的深入浅出的读物。简明扼要地以地震灾害为内容主线，以图说的形式介绍了震害概要、考察要点、破坏机理以及对策。为科学组织实施抗震救灾以及灾后恢复重建工作提供了直观的参考资料。

希望通过本书的出版引发我们全社会增强抗震防灾的意识。人类尽管难以避免自然灾害的发生，但是我们对改变所在区域的脆弱性还是能够有所作为的。通过系统地防灾、抗灾、减灾的研究，进一步明确城镇抗震防灾规划目标；严格国家防灾的立法；加强标准规范体系的建设；逐步提高城镇的综合抗震能力并防止次生灾害和衍生灾害的发生。

面对突如其来的巨灾，我们要以科学和理性为依据，抓紧抢修破坏的设施和设备，尽快恢复灾区的通路、通电、通信和供水；同时还要严密监测地震灾情，对受损建筑物、构筑物、城镇基础设施等进行专业的检测和评估，并且采取有效的加固维修措施，确保人民生命财产的安全；并且逐步系统有序地展开灾后的恢复和重建工作。我国的防灾减灾工作任重道远，需要我们不懈地努力。

谨以此书献给汶川地震灾区人民！

住房和城乡建设部副部长
中国工程院院士 黄卫
2008年5月15日

推荐者的话

2008年5月12日四川汶川8.0级大地震震感波及我国大部分地区，四川、甘肃、陕西等地受灾严重，这是1976年唐山地震以来在我国大陆地区发生的又一次破坏性地震灾害。地震造成山体滑坡、房屋破坏、桥梁及生命线工程等破坏严重，人民生命及财产损失巨大。

近年来随着我国经济建设不断发展，城镇化速度加快，城市规模也不断扩大，新的灾害形式不断呈现。因此，在新形势下，从根本上提高城市及村镇的综合抗灾能力是摆在我们面前的迫切任务。

北京科技大学土木工程系宋波教授先后供职于冶金部建筑研究总院、建设部抗震办以及国外研究部门，长期致力于结构工程及防灾减灾领域的研究工作，在桥梁抗震、结构健康监测、结构优化设计方面完成了一系列重大工程项目。他重视现场研究，日本阪神大地震发生的2小时内即进入现场考察。其百余枚宝贵的现场图片资料，以及近年来对印度洋海啸、首尔地铁现场等考察所获得的大量珍贵图片资料，为本书的出版奠定了基础。

中国建筑科学研究院工程抗震研究所黄世敏研究员长期致力于结构抗震、加固改造、城市抗震防灾规划等方面研究，负责完成了国家博物馆等多项大型公共建筑的抗震鉴定及加固改造工程，在实际工程中研究并开发应用了相应的新技术、新材料、新工艺，积累了丰富的工程实践经验。新技术在防灾减灾中的应用反映在本书的相应章节中。

本书以地震灾害为主线，对城市各种常见灾害形式的深入浅出的解说，不仅可以对现代城市管理部门、交通、建设主管部门、高等院校、设计研究单位、施工单位会起到很好的参考作用，也可作为大中小学的防灾减灾辅助教材。相信本书的出版能为提高城市综合防灾能力，建设宜居城市发挥积极的作用。

北京工业大学教授
中国科学院院士　　　周锡元
2008年5月15日

前言

2008年5月12日下午2点28分,四川省北部发生里氏8级强烈地震,震中位于阿坝藏族羌族自治州汶川县,这是我国唐山大地震之后又一次严重的破坏性地震。作为住房和城乡建设部倡议发起的抗灾减灾重建家园活动的一个组成部分,在部领导的关怀下,本书得以在短时间内和大家见面。

本书由北京科技大学土木工程系副系主任宋波教授及中国建筑科学研究院抗震研究所所长黄世敏研究员共同编著。本书的出版时间紧迫,在此过程中北京科技大学结构抗震与工程减灾研究所博士生盛朝辉等人都付出了很大努力,由于时间关系及著者水平所限,书中难免有不足之处,敬请批评指正。

读者还可以参照阅读中国建筑工业出版社2008年1月出版的《图说现代城市灾害与减灾对策》一书。该书在多种防灾减灾、新技术应用等方面有更为详尽的论述。

作者
2008年5月15日

目 录

第一章 绪论
1.1 近年来国内外的大地震 …………………………… 1
1.2 地球构造 ……………………………………………… 2
1.3 地震及其成因 ………………………………………… 3
1.4 地震波、震级及地震烈度 …………………………… 6
1.5 我国的地震活动地区 ………………………………… 9
1.6 地震的震害现象及对人类的影响 …………………… 10

第二章 地表灾害现象
2.1 断层破坏 ……………………………………………… 13
2.2 地基的砂土液化 ……………………………………… 17
2.3 滑坡 …………………………………………………… 21
2.4 震后对边坡的临时加固 ……………………………… 23
2.5 地面的不均匀下沉 …………………………………… 25

第三章 建筑结构典型灾害事例与解说
3.1 建筑结构基础的破坏 ………………………………… 30
3.2 钢筋混凝土结构的破坏 ……………………………… 32
3.3 钢结构与钢骨结构的破坏 …………………………… 39
3.4 砌体结构与木结构的破坏 …………………………… 44
3.5 建筑结构抗震防灾对策 ……………………………… 50

第四章 桥梁的地震灾害
4.1 公路桥破坏形态 ……………………………………… 56
4.2 铁路桥梁破坏形态 …………………………………… 63
4.3 桥梁抗震防灾对策 …………………………………… 67

第五章 生命线工程的灾害及减灾对策
5.1 管线的破坏分析 …………………………………… 72
5.2 管线的防灾减灾对策 ……………………………… 77
5.3 公路的破坏分析 …………………………………… 78
5.4 公路抗震防灾措施对策 …………………………… 81

第六章 次生灾害及其他灾害形式
6.1 城市火灾 …………………………………………… 83
6.2 地质灾害——滑坡 ………………………………… 87
6.3 城市水灾 …………………………………………… 88
6.4 村镇多灾种减灾 …………………………………… 92

第七章 震后应急救援与恢复重建
7.1 震后的主要特征概述 ……………………………… 94
7.2 应急救援及恢复重建中的主要问题及对策 ……… 97
7.3 完善防灾应急体制与减轻灾害 …………………… 103
7.4 村镇抗震防灾规划与房屋抗震措施 ……………… 106
   7.4.1 村镇抗震防灾规划要点 ……………………… 107
   7.4.2 新建农村房屋的抗震措施 …………………… 109

第一章 绪 论

地震俗称地动,是一种具有突发性的自然现象。地震按其发生的原因,主要有火山地震、陷落地震、人工诱发地震以及构造地震。构造地震破坏作用大,影响范围广,是房屋建筑抗震研究的主要对象。在建筑抗震设计中,所指的地震是由于地壳构造运动(岩层构造状态的变动)使岩层发生断裂、错动而引起的地面振动,这种地面振动称为构造地震,简称地震。

地震是一种自然现象,地球上每天都在发生地震,一年约有500万次。其中约5万次人们可以感觉到,能造成破坏的约有1000次,7级以上的大地震平均一年有十几次。目前记录到的世界上最大地震是8.9级,发生于1960年5月22日的智利地震。

1.1 近年来国内外的大地震

近年来国内外发生了多次较为强烈的地震,例如:中国唐山地震、美国加州北岭地震、日本阪神地震、中国台湾集集地震、印度大地震等。

1976年7月28日发生的唐山地震,震级为7.6级,震中区烈度11度。150万人口中死亡24万,伤16万;直接经济损失100亿元,震后重建费用100亿元。

1994年1月17日发生的美国加州北岭地震,震级为7.0级,2400栋建筑被毁,多处高架公路桥受损,死亡61人,伤7300人,直接经济损失300亿美元。

1995年1月17日发生的日本阪神地震,震级为7.2级,22万栋房屋倒塌或严重损坏,死亡6348人,伤4万人,经济损失1000亿美元。

(a) 唐山地震　　　　　　　　(b) 台湾集集地震

图 1.1　唐山、集集地震中破坏的建筑结构

1999 年 9 月 21 日发生的台湾集集地震,震级为 7.6 级,死亡 0.24 万人,经济损失 118 亿美元。

2001 年 1 月 26 日印度西北部古吉拉特邦发生地震。据印度地震部门测定,这次地震为里氏 7.9 级,死亡人数达 16403 人,受伤人数达 55863 人,经济损失 45 亿美元。

我国是一个多地震国家,同时我国也是一个地震灾害较严重的国家,我国地震活动频度高、强度大、震源浅、分布广,是一个震灾严重的国家。1900 年以来,中国死于地震的人数达 55 万之多,占全球地震死亡人数的 53%。如图 1.1 (a、b) 所示。

1.2　地球构造

地震波在地球内部的传播速度一般随深度增加,但又不是匀速增加,在某些深度处发生突然变化,地震波在此突然加速或减速(纵波减速时,横波甚至会消失),这种波速发生突然变化的面叫作不连续面。不连续面的存在,标志着地内物质在此层上下面有明显区别,因此成为地内圈层构造的界面。

在所有不连续面中有两个变化最显著的称为一级不连续面,包

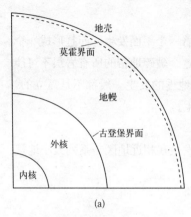 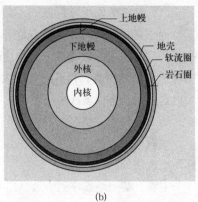

图 1.2 地球的构造

括:(1)莫霍洛维奇不连续面(简称莫霍面或莫氏面)。深度平均 17km,陆地 33km。地震波加速,表明其下物质密度、硬度增加。(2)古登堡不连续面,深度约 2900km。地震波减速,横波消失,表明其下物质很可能是液态。如图 1.2 (a) 所示。

以上二者构成了地壳与地幔、地幔与地核的界面,如图 1.2 (b) 所示。

其中地壳为地球最表面的一层,很薄,一般厚度为 5~40km,平均厚度约为 30km。主要由各种不均匀的岩石组成:沉积岩→花岗岩→玄武岩等。绝大部分地震都发生在地壳内。地幔为中间一层,很厚,平均厚度约为 2900km。主要由具有黏弹性性质的质地比较坚硬的橄榄岩组成。地幔内部的物质在热状态和不均衡压力作用下缓慢运动,可能是造成地壳运动的根源。地核为地球最里面的一层,半径约为 3500km,是地球的核心部分。地核可分为外核和内核,其主要构成物质是镍和铁。

1.3 地震及其成因

千百年的地质构造变化导致了大小地震的发生。

(1) 地震的发生及特点

地下岩层断裂时,往往不是沿着一个平面发生,而是形成一一系列裂缝组成的破碎地带,并且这个破碎地带的所有岩层不可能同时达到新的平衡。因此,每次大地震的发生一般都不是孤立的,大地震前后总有很多次中小地震发生。

地震相关的主要名词术语如下:

地震序列:在一定时间内相继发生在相近地区一系列大小地震称为地震序列。

主震:某一地震序列中最强烈的一次地震叫主震。

前震:在主震之前发生的地震。

余震:在主震之后发生的地震。

主震型地震:在一个地震序列中,若主震震级很突出,其释放的能量占全序列中的绝大部分,叫主震型地震。是一种破坏性地震类型。

震群型或多发型地震:在一个地震序列中,若主震震级不突出,主要地震能量是由多个震级相近地震释放出来的。

孤立型或单发型地震:在一个地震序列中,若前震和余震都很少,甚至没有,绝大部分地震能量都是通过主震一次释放出来的。

震源:地球内部发生地震的地方叫震源。

震中:震源在地面上的投影点称为震中。

震源深度:从震中到震源的垂直距离叫震源深度。

震中距:从震中到地面上任何一点的距离称为震中距。

图1.3为震源、震中、震源深度、震中距的相互关系概念图。

(2) 地震的成因与分类

地震按成因可分为以下几类:

火山地震:由于火山爆发而引起的地震。这类地震在我国很少见。

陷落地震:由于地表或地下岩层突然大规模陷落或崩塌而造成的地震。这类地震的震级很小,造成的破坏也很小。

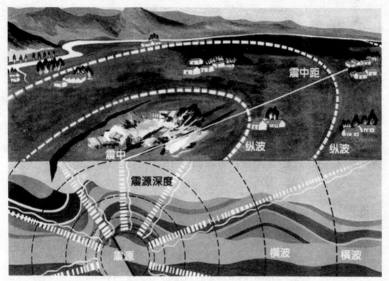

图 1.3 震源、震中、震源深度、震中距的相互关系概念图

诱发地震（人工地震）：由于水库蓄水或深井注水等引起的地震。

构造地震：由于地壳运动，推挤地壳岩层使其薄弱部位发生断裂而引起的地震。其特点为：构造地震分布广，危害大，是抗震结构设计研究的主要对象。原因为：岩层发生突然断裂或猛烈错动，产生振动源，振动以波的形式传播到地面，形成构造地震。

同时按震源深浅程度又可分为：

浅源地震：震源深度在 70km 以内，一年中全世界所有地震释放能量的约 85% 来自浅源地震。

中源地震：震源深度在 70～300km，一年中全世界所有地震释放能量的约 12% 来自中源地震。

深源地震：震源深度超过 300km，一年中全世界所有地震释放能量的约 3% 来自深源地震。

1.4 地震波、震级及地震烈度

地震波、震级及地震烈度是常用的描述地震的主要名词术语。

(1) 地震波

地震产生的地壳运动(振动)以波的形式从震源向各个方向传播并释放能量,这种波称为地震波。

地震波包含:体波和面波。

a. 体波:在地球内部传播的波。体波包含:纵波和横波。

纵波(P波):在传播过程中,介质质点的振动方向与波的前进方向一致,故又称为压缩波或疏密波。特点:周期短,振幅小。

横波(S波):在传播过程中,介质质点的振动方向与波的前进方向垂直,故又称为剪切波。特点:周期较长,振幅较大。

根据弹性理论,纵波的传播速度大约为横波的1.67倍,说明纵波的传播速度快,因此也把纵波叫初波,横波叫次波。

b. 面波:只限于在地面附近传播的波,也就是体波经过地层界面多次反射形成的次生波。面波包含:瑞雷波和洛夫波。特点:周期长,振幅大,只在地表附近传播,比体波衰减慢,能传播到很远的地方。

瑞雷波:传播时,质点在波的传播方向和地面法线组成的平面内(XZ)做椭圆形运动,而在与XZ平面垂直的水平方向(Y)没有振动,质点在地面上呈滚动形式。

洛夫波:传播时,质点只在与传播方向相垂直的水平方向(Y)运动,在地面上呈蛇形运动形式。

从实际地震时记录到的地震波可以看出,首先达到的是纵波(初波、P波),接着是横波(次波、S波),面波达到的最晚,如图1.4所示。一般情况下,当横波或面波达到时,振幅增大,地面振动最猛烈,造成的危害也最大。

(2) 震级

震级是表示一次地震本身强弱程度或大小的尺度,也是表示一

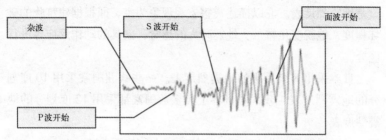

图 1.4 地震波的时程记录

次地震释放能量的多少,是一个衡量地震强度的指标。一次地震只有一个震级。

目前,国际上比较通用的是里氏震级,即地震震级为 $M=\lg A$。

式中 A 是标准地震仪在距震中 100km 处记录的以微米为单位的最大水平地动位移。

震级与震源释放能量的大小有关。震级每差一级,地震释放的能量将相差 32 倍。

地震按震级大小分为:

微震:小于 2 级,人感觉不到,只有仪器才能记录下来。

有感地震:2～4 级,人能感觉到。

破坏性地震:5 级以上地震,能够引起不同程度破坏。

强烈地震或大震:7 级以上地震,有破坏。

特大地震:8 级以上地震,有破坏。

(3) 地震烈度

指某一地区的地面和各类建筑物遭受一次地震影响的强弱程度。

主要与震中距离、地震大小、震源深度、地震的传播介质、表土性质、建筑物的动力特性和施工质量等许多因素有关。

对于一次地震,表示地震大小的震级只有一个,但它对不同地点的影响是不一样的。一般来说,距离震中越远,地震影响越小,烈度就越低;反之,地震烈度就越高。

地震烈度表:为评定地震烈度,需要建立一个标准,这个标准就是地震烈度表。它以描述震害宏观现象为主，即根据建筑物的破坏程度、地貌变化特征、地震时人的感觉、家具的动作反应等进行区分。

日本采用8个等级的地震烈度表。一些欧洲国家采用10度划分的地震烈度表。我国和世界上大多数国家都采用12度划分的地震烈度表。

我国把烈度分为十二度。它的内容大致如下表：

中国地震烈度表（1980年）摘选　　　　表1.1

烈度	人的感觉	对建筑物影响	其他现象
一	无感		
二	室内个别静止的人有感		
三	室内个别静止的人有感	门、窗轻微作响	悬挂物微动
四	室内多数人感觉，室外少数人感觉，少数人惊醒	门、窗作响	悬挂物明显摆动，器皿作响
五	室内普遍有感，室外多数人感觉，多数人惊醒	门窗、屋顶、屋架颤动作用，灰土掉落，抹灰出现微细裂缝	不稳的器物翻倒
六	惊慌失措、仓惶出逃	损坏——个别砖瓦掉落，墙体微细裂缝	河岸和松散土上出现裂缝，饱和砂层出现喷砂冒水，地面上有的砖烟囱轻度裂缝掉头
七	大多数人仓惶出逃	轻度破坏——局部破坏、开裂，但不妨碍使用	河崖出现塌方，喷砂冒水现象，松软土裂缝较多，砖烟囱中等破坏
八	摇晃颠簸，行走困难	中等破坏——结构受损，需要修理	干硬土上有裂缝，大多数烟囱严重破坏
九	坐立不稳，行走的人可能摔跤	严重破坏——墙体龟裂，局部倒塌修复困难	多处出现裂缝，滑坡塌方常见，砖烟囱倒塌
十	骑自行车的人会摔倒，处不稳状态的人会摔出几尺远、有抛起感	倒塌——大部分倒塌，不堪修复	山崩地裂出现，拱桥破坏，烟囱从根部破坏或倒塌
十一		毁灭	地震断裂延续很长，山崩常见，拱桥毁坏
十二			地面剧烈变化，山河改观

例如四川发生的一个 8 级地震，对震中地区的影响烈度可能是 9°～11°，而对离震中较远的沿海地区的影响则可能是 4°～5°，一次地震震级只有一个，而烈度则有许多个。

1.5 我国的地震活动地区

全世界地震主要分布于以下两个带：（1）环太平洋地震带：包括南北美洲的太平洋沿岸和从阿留申群岛、堪察加半岛、经千岛群岛、日本列岛南下至我国台湾省，再经菲律宾群岛转向东南，直到新西兰；（2）喜马拉雅——地中海地震带：从印度、尼泊尔经缅甸至我国横断山脉、喜马拉雅山区，越帕米尔高原，经中亚细亚到地中海及其附近。

我国的地震活动主要分布在五个地区的 23 条地震带上。这五个地区是：①台湾省及其附近海域；②西南地区，主要是西藏、四川西部和云南中西部；③西北地区，主要在甘肃河西走廊、青海、宁夏、天山南北麓；④华北地区，主要在太行山两侧、汾渭河谷、阴山－燕山一带、山东中部和渤海湾；⑤东南沿海的广东、福建等地。中国的主要地震分布图如图 1.5 所示。

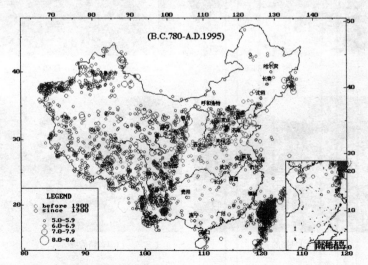

图 1.5　中国的主要地震分布图

1.6 地震的震害现象及对人类的影响

一次大地震可在数 10 秒钟之内使一座繁荣的城市变成废墟，人们几代人的积累和财富化为乌有。地震的主要灾害形式包括：

(1) 直接灾害

由地震的原生现象如地震断层错动以及地震波引起的强烈地面振动所造成的灾害。

主要有：地面破坏如地面裂缝、错动、塌陷、喷砂冒水等。建筑物与构筑物的破坏：如房屋倒塌、桥梁断落、水坝开裂、铁轨变形等。山体等自然物的破坏：如山崩、滑坡等。海啸：海底地震引

(a) 隧道的破坏

(b) 桥梁的破坏

(c) 铁路的变形

(d) 公路的坍塌

图 1.6 地震造成的直接灾害

起的巨大海浪冲上海岸,可造成沿海地区的破坏。图 1.6 为地震造成的直接灾害。

(2) 次生灾害

直接灾害发生后,破坏了自然或社会原有的平衡、稳定状态,从而引发出的灾害。有时,次生灾害所造成的伤亡和损失比直接灾害还大。

主要的次生灾害包括:火灾:主要由震后火源失控引起。水灾:主要由水坝决口或山崩拥塞河道等引起。毒气泄漏等:由建筑物或装置破坏等引起。瘟疫:由震后生存环境的严重破坏而引起。

(3) 地震的灾害现象对人类的影响

地震灾害不仅造成了众多建筑物的倒塌,生命线工程的破坏,财产的重大损失,而且也夺去了众多的生命,造成了众多的人员伤亡。除此之外,还对人们产生了重大的心理影响,产生了众多的社会问题。

第二章 地表灾害现象

常见的地表灾害包括：崩塌、滑坡、泥石流、地裂缝、地面沉降、地面塌陷、黄土湿陷、岩土膨胀、砂土液化、土地冻融、水土流失、土地沙漠化及沼泽化、土壤盐碱化以及地震、火山、地热害等，见图2.1～图2.4。根据不同的角度和标准，地表灾害的分类也十分复杂。

图2.1 地裂

图2.2 滑坡破坏

第二章 地表灾害现象

地震是一种破坏性极强的突发性自然灾害。大地震的发生，往往持续时间短但是能量惊人，其在短时间内所释放的能量足以引发地裂、塌陷、滑坡、喷砂冒水等一系列的地表破坏。

2.1 断层破坏

断层对工程建设十分不利，特别是道路工程建设中，选择线路、桥梁和隧道位置时，应尽可能避开断层破碎带。为了减少在灾害发生时断层对我们的影响，如何提早发现它们就显得尤为重要。其主要的判断依据可分为三个方面：1. 地质体的不连续，岩层、

图 2.3 砂土液化

图 2.4 地表不均匀沉降

岩体、岩脉、变质岩的片体等沿走向突然中断、错开而出现不连续现象，说明可能有断层存在；2.断层面的构造特征，主要包括：镜面、擦痕、阶步、牵引构造以及断层岩的存在；3.地貌和水文等标志（断层崖、三角面山等）；以上特征为判断断层的存在以及进行灾前处理都提供了有力的依据。

震害概要：1995年阪神大地震中，位于震中的兵库县的淡路岛的绿地由于断层存在而出现地表严重开裂的现象。其主要现象为出现一条沿断层走向发展的大裂缝，并且左右两断盘之间发生不均匀沉降。图2.5为震后地表的裂缝。

由于地下存在断层，地震力使土体沿断层的走向发生了平移。

根据错动方向，此断层为平移断层

考察要点：对该绿地范围内的裂缝的走向、宽度、错动的方式进行记录，并记录周围的地表现象（断层、滑坡等），为进一步对该地区的工程地质条件进行判断提供依据。

对策例：根据抗震规范中的要求，对于存在断层的地区，应尽量避免在其上进行施工，如无法避免应采取适当措施进行处理。

图2.5 断层引起的绿地开裂

第二章 地表灾害现象

震害概要：1995年阪神大地震震中地区由于断层存在而出现地表严重开裂的现象。其现象为出现一条沿倾向方向的裂缝，这主要是在重力和水平方向张力的共同作用下产生的。图2.6为震后地表的裂缝。

考察要点：除对裂缝的走向、宽度、错动的方式进行记录外，针对该地发生的不均匀沉降要记录其沉降量。

对策例：对重要工程结构，根据规范中的要求，开发前要对所在场地进行地质勘探，存在断层、节理等不利面时应避免在其上进行施工。

地震力使土体沿断层的倾向发生了上下错动。

图2.6 断层引起的地表开裂

震害概要：1995年阪神大地震震中地区公路由于断层存在而使路面发生严重的错动。其现象为出现一条沿走向的错动缝，这主要是因为断层面属于不连续的薄弱面，当受到与断层走向一致的地震力时，岩体将发生一定的平移。

考察要点：由于断层的存在使该段公路出现错动，因此现场考察时要注意测量错动的距离，以及整个断层的走向及范围。

对策例：对因断层所产生的不连续土体，可采取土体置换的方法，除去裂缝处的土体，并重新覆土夯实。

由于地下存在断层，地震力使道路发生了相对错动。

图2.7 断层引起的道路错动

图说地震灾害与减灾对策

震害概要：1995年阪神大地震中断层在地震力的作用下发生了严重的错动，使农田形成了一条明显的滑移缝。这主要是因为断层这一薄弱面在受到与其走向一致的地震力时，土体发生一定的平移。图2.8为震后地表的裂缝。

考察要点：对该地区的裂缝的走向、宽度、错动的方式进行记录，同时记录周围的地表现象（断层、滑坡等），并可利用3S系统对该地区地质条件进行分析，为今后在该地区的施工提供依据。

对策例：由之前的照片可知，由于在建筑物的设计阶段考虑了断层对它的影响，因此都尽量避免在地质条件较差的地区施工，这样使得断层破坏大都发生在农田、绿地这种对抗震等级要求不高的地区，灾后对人民的生活和灾后重建的影响都比较小。由此可见，事先的勘测勘察对避免断层所带来的破坏有很大的帮助。

图2.8　断层引起的农田错动

震害概要：图2.9为1995年阪神地震震中地区出现的由断层引起的裂缝，并伴有不均匀沉降。

对策例：照片展示了一种常见的震后对破坏地区的临时处理措施。因为震后通常会伴有降雨等现象的发生，为防止雨水对受灾土体的进一步破坏所导致的二次破坏，故在受灾地区采用铺设防水薄膜的手段，防止降雨引起土体的滑坡等二次灾害。

图2.9　断层产生的裂缝及其防护

2.2 地基的砂土液化

地震时,在烈度比较高的地区常常发生喷砂冒水现象,这种现象就是地下砂层发生液化的宏观表现。它往往造成路基不均匀沉降、桥梁的倾斜,给公路运输事业的发展带来危害。其成因主要是由于土体在震前处于疏松状态,当地震到来时,其受水平的震动荷载,颗粒要发生重新分布,此时土体倾向于由松变密。在这种由松变实的过程中,如果土体的含水量达到饱和状态,孔隙内充满水,且孔隙水在振动的短促时间内排不出去,就将出现从松到密的过渡阶段。这使颗粒离开原来位置,又未落到新的稳定位置,悬浮在孔隙水中,在这一过程中孔隙水压力骤然上升来不及消散,使原来砂里通过接触点传递的压力(有效应力)减小,当有效应力完全或接近完全消失时,砂土层会完全丧失抗剪强度及承载能力,发生砂土液化现象。

震害概要:图 2.10 为路边绿化带发生喷砂冒水现象。这主要是因为在地震力的作用下饱和液化砂土中的孔隙水压力超过了土体自身的承载能力,从而发生了喷砂冒水现象。

考察要点:
1. 对土的喷出物进行取样,通过颗分试验等进行砂土液化简易判别。
2. 分析砂土液化的机理,为震后的加固处理提供依据。

对策例:
1. 对于表层土液化现象采取土体置换的方法,去除表面液化砂土,重新覆土夯实;
2. 采用强夯法将土体压实;
3. 如发生大面积砂土液化可在液化区周围打排水砂桩。

图 2.10 人行道周围的砂土液化

图说地震灾害与减灾对策

这种现象的发生主要与震动的大小和土体自身的含水量、颗粒的大小、级配，以及压实状态有关。

砂土液化后，孔隙水在超孔隙水压力下自下向上运动。如果砂土层上部没有渗透性更弱的覆盖层，地下水即大面积溢于地表；如果砂土层上部有渗透性更弱的黏性土层，当超孔隙水压力超过覆盖层强度，地下水就会携带砂粒冲破覆盖层或沿覆盖层裂隙喷出地表，产生喷砂冒水现象。地震、爆炸、机械振动等都可以引起砂土液化现象，尤其是地震引起的，范围更广、危害性更大。砂土液化的防治主要从预防砂土液化的发生和防止或减轻建筑物不均匀沉陷两方面入手。包括合理选择场地；采取振冲、夯实、爆炸、挤密桩等措施，提高砂土密度；排水降低砂土孔隙水压力；换土，板桩围封，以及采用整体性较好的筏基、深桩基等方法。

震害概要：1995年阪神大地震中某地路面发生砂土液化。其主要现象为喷砂冒水，并伴有不均匀沉降。图2.11为喷砂冒水后的遗留粉砂。其成因可包括两种，一种是地下水位过高而造成土体的抗剪强度不足；另一种则是由大面积回填土压实不充分造成的。

考察要点：对周围路面的变形进行记录和分析，对土的喷出物进行取样，通过颗分试验等进行砂土液化简易判别。

对策例：在可液化的土层上填筑非液化土层，并压实以降低其渗透性，对于表层土液化现象采用土体置换的方法，重新覆以粗砂土夯实。

疏松　　　悬浮　　　密实

图2.11　路面下土体的砂土液化

第二章 地表灾害现象

震害概要：震后，某停车场内出现大面积的喷砂冒水现象。其主要原因是由于周围土体的含水量过高，使土体的抗剪强度下降，形成砂土液化。当受地震力的作用后发生大面积喷砂冒水现象，有的喷砂冒水高度达2m。

考察要点：观测砂土液化的范围及周边地区的影响（沉陷、喷砂冒水等），并分析其产生的机理，为震后处理提供依据。

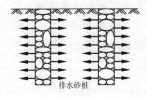

对策例：对于这种大面积砂土液化的现象，可采用在受灾地区设置大排水砂桩的措施，一方面利用砂桩的排水作用降低土体中的含水量，另一方面利用其挤密特点使周围土体压实。

图2.12 停车场地基的砂土液化

震害概要：阪神大地震中某道路路基内出现了严重的大面积喷砂冒水现象。其主要原因是由于饱和液化砂土受地震力的扰动后发生喷砂冒水现象。

考察要点：由于该地区的砂土液化造成了大面积的喷砂冒水，因此在现场考察时应注意观测液化范围，并且对周围未液化的土体进行取样，为后续处理提供依据。

对策例：因为该地区发生了大面积的喷砂冒水现象，采用土体置换的方法费工费时。可考虑采用排水砂桩的措施，并辅以强夯法对周围受灾土体进行加固。

图2.13 道路基础的砂土液化

19

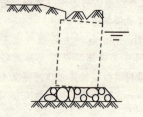

震害概要：图 2.14 为阪神大地震中岸边出现的大面积砂土液化现象，并伴有严重的滑移和开裂。其主要原因是由于底层地基发生砂土液化现象，使岸边沉箱倾斜最终导致地表的严重开裂和侧滑。

考察要点：测量液化的范围以及裂缝的宽度。

对策例：对岸边沉箱进行加固，如加固有困难，可在其临海面再布置以沉箱，从而使新沉箱担负起旧沉箱的功能。

图 2.14 海岸附近的砂土液化

震害概要：图为阪神大地震中海港的大面积砂土液化，其现象为大面积的喷砂冒水。这主要是由于海港的地基填土多为粉砂土，这些粉砂土多取自于海底疏浚而来的淤泥或粉砂，极易产生砂土液化现象。

考察要点：由于出现了大面积的喷砂冒水，因此在现场考察时应注意观测液化范围，并且通过取样对砂土液化的深度进行判断，为后续处理提供依据。

对策例：对于这种大面积的液化现象，应采用排水砂桩对周围土体进行加固，一方面可降低土体内的含水量，另一方面可利用砂桩的挤密作用使土体密实。除此之外在局部地区还可辅以土体置换或强夯法来进行加固。

图 2.15 码头区域内的大范围砂土液化

2.3 滑坡

边坡岩（土）体在重力作用下，沿一定的软弱面或软弱体整体下滑的现象称为滑坡。引起滑坡产生的根本原因取决于组成斜坡的土石体性质和结构，但外界条件因素如水、地震等的作用也不能忽视，它们是滑坡产生的诱发因素，其作用可引起斜坡的变形和破坏。

地震对土坡、山体的作用主要有两个方面，一方面是地震的动荷载使得边坡原先的平衡状态破坏，超过其极限承载能力发生失稳；另一方面，地震引起地下水含量较高的土体发生砂土液化，从而造成坡体的失稳破坏。由于地震力的作用，在地震惯性力作用下，边坡土体下滑力增加、抗滑力减小，从而导致边坡稳定系数发生变化，发生边坡失稳的现象。对于有地下水的土质坡来说，在地震作用下，一方面动孔压的累积会引起有效应力的减小，从而会进一步使土体的抗剪强度降低，最终导致边坡发生较大的永久变形甚至整体滑动。另一方面，当动孔压积累到一定程度后，某些土将会发生液化。液化可以引起倾斜地层的滑移，也会诱发泥石流，从而造成边坡流滑。

震害概要：1995 年阪神大地震震中淡路岛地区房屋地基发生大面积滑坡，其主要现象为土体剥落，房屋基础外露。

考察要点：对地基的滑移量进行记录，并对周围土体进行取样，分析滑坡原因，并对滑坡进行动态观测（位移）和对周围土体的地下水进行观测。

对策例：1. 排水。这里可利用边坡渗沟进行排水，其作用是排除滑坡前缘的边坡土体中的水，疏干边坡，同时对边坡的局部地段有支撑作用。2. 支护。根据滑坡形式，采用适宜的支挡方式，以抵抗整个滑体的滑动（挡土墙、土钉墙等）。

图 2.16 房屋地基的大面积滑坡

震害概要：图为阪神大地震震中地区的山体滑坡。这主要是因为该地区土体的抗剪强度不足,在地震力这种强扰动下发生滑移。并且震后在滑移面上铺设防水薄膜。

考察要点：利用仪器对破坏面的滑移量进行动态观测,以防止更大灾害的发生。

对策例：1. 排水。地下水是斜坡不稳定的主要原因之一,由于斜坡土层(岩体)中埋藏有地下水,流入边坡变形区,产生了动水压力和静水压力,为减弱这种压力的作用,确保边坡稳定,可采用地下排水的方法。由于滑体内地下含水带厚度、分布、补给条件和当地的地质条件的差异,故有截、排、疏和降低地下水位等办法。2. 支护。根据滑坡形式,采用适宜的支挡方式,以抵抗整个滑体的滑动(挡土墙、土钉墙等)。

图 2.17　山坡的大面积滑坡及防护

震害概要：1995 年阪神大地震中房屋地基发生严重滑坡。其主要现象为土体大面积滑坡,房屋一角出现悬空。这主要是由于地震通过松动斜坡岩体土体结构、造成破坏面和引起弱面错位等多种方式,降低斜坡的稳定性。反复作用所造成后果的累积则可导致斜坡的失稳。另外,地震作用力突然施加还会对斜坡的破坏产生触发效应。

考察要点：1. 对上部房屋结构的变形进行记录和分析。2. 对滑坡进行动态观测(位移)和地下水观测,据此对土体的工程性质做出判断,为今后房屋的修缮或拆除提供依据。

对策例：1. 排水。地表排水和地下排水相结合提高土体的抗剪能力。2. 减重。通过挖出一定量的滑体而减少滑体的下滑力,但其下滑趋势并不能改变。3. 支护。根据滑坡形式,采用适宜的支挡方式,以抵抗整个滑体的滑动。

地震力使土体松动,在薄弱面发生滑坡

图 2.18　房屋地基滑坡

第二章 地表灾害现象

震害概要：1995年阪神大地震震中淡路岛地区道路发生滑坡，其主要现象为道路的路基边坡滑坡。

考察要点：1.对路基的变形进行记录和分析。2.对滑坡进行动态观测（位移）和地下水观测。

破坏机理：这主要是由于该段路靠近海边，而基础土体主要是粉砂土，由于液化而丧失抗剪强度，使土坡失去稳定，沿着液化层滑动，形成滑坡。

对策例：1.排水。地表排水和地下排水相结合以提高路基土体的抗剪能力。2.支护。根据滑坡形式，采用适宜的支护方式，以抵抗整个滑体的滑动。

由于地震力作用使路基发生滑坡

图2.19 公路路基的滑坡

2.4 震后对边坡的临时加固

许多国家在总结灾后的经验教训时，都发现震后的防护是一个很重要的环节。震后很多的建筑或构筑物虽然表面上并没有发生严重的破坏，但已经达到了其承载能力的极限值，当有余震发生时其很可能发生二次灾害，危害人民的生命财产安全。因此及时有效的灾后防护不但可以减少更进一步的财产损失，而且还能挽救许多无辜的生命。

土体在地震荷载下的破坏形式主要有以下几种：

（1）对公路路基可造成滑坡沉陷等现象的发生；

（2）对海岸河岸边的土体造成岸堤沉降、开裂、产生集中渗漏和管涌；

（3）大的断层错动、剪力破坏，在岸堤中产生集中渗漏和管涌；

（4）对含有饱和液化砂土的地区诱发喷砂冒水现象。

震害概要：1995年阪神大地震后，对受灾严重的地区为防止次生灾害的发生，人们对已经产生部分裂缝的土体铺设防水薄膜并堆放沙包加载，提高土体强度，防止雨水引起的滑坡等灾害。

考察要点：对路基土体进行取样，通过取样对土体的工程性质做出判断，为今后的修缮和使用提供依据。

对策例：为防止公路基础的进一步破坏，人们在路基铺设了防水膜，除此之外还采用堆载的形式加固路基。铺设防水薄膜可有效地降低由于水的作用而造成的土体承载力下降；而堆载则使土体处于多向应力的状态下，提高其承载能力。

图2.20　公路基础的震后防护

震害概要：图2.21中显示该地段发生了滑坡现象，因为震后通常会伴有降雨的出现，为防止土体的进一步滑移，人们在其上设防水薄膜，等待进一步的处理。

对策例：为防止滑坡的进一步扩展，人们采取了一些临时措施，例如在其上铺设防水膜以有效降低由于水的作用而造成的土体承载力下降。

图2.21　滑坡土体的防护

震害概要：图 2.22 中显示该地段由于砂土液化从而产生了不均匀沉降造成海岸堤坝的变形。灾后，在变形区域铺设防水膜。

对策例：根据该地区的破坏机理，仍本着防水与加固相结合的措施对受灾土体进行处理。

图 2.22 海岸堤坝的变形

2.5 地面的不均匀下沉

地面沉降是在自然和人为因素作用下，由于地表松散土体压缩而导致区域性地面标高降低的一种环境地质现象，是一种不可补偿的永久性环境和资源损失，是地质环境系统破坏所导致的恶果，是城市化建设过程中出现的主要地质灾害之一。

为了将沉降所带来的影响降到最低，需要在地面沉降监测、统计分析、模型研究的基础上，建立地面沉降信息系统。它由地下水和地面沉降基本数据系统、数据库管理系统、地面沉降预测预报系统、地面沉降图形信息制作及维护系统等四大部分组成。

震害概要：1995年阪神大地震中街道路基发生不均匀沉降，造成路面的严重开裂。图2.23为震后的路面开裂情况。其主要原因有两点，一方面强震在短时期内可引起区域性地面垂直变形，经历时间短；另一方面，由强震导致的软土震陷、砂土液化也可造成局部地面下沉。

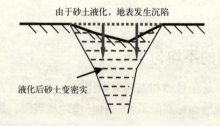

考察要点：

1. 记录发生不均匀沉降的位置，量测其高差。拍摄沉降状况的照片，为进一步的详细判别提供依据。

2. 对路面结构的变形进行记录和分析。

对策例：对破损路面进行清理，利用强夯法或土体置换的方法对破坏地基土进行处理。

图2.23 震后路面的开裂

第二章　地表灾害现象

震害概要：1995年阪神大地震中神户港岛的人工岛发生砂土液化。其主要现象为喷砂冒水。图2.24为喷砂冒水后的遗留粉砂。该桥墩地基发生不均匀沉降，出现错台现象，并伴随墩柱转角变位。

考察要点：对上部结构及周围地基的变形进行记录和分析。

对策例：该区域发生了大面积砂土液化，因此可采用打挤密砂桩的办法，一方面利用砂桩挤入作用对周围软化土体产生横向挤压作用，提高土体的强度，另一方面砂桩可以起到排水作用，大大缩短了孔隙水的平均渗透路径，加快地基的固结沉降速率，加速软土的固结。

图2.24　桥墩地基的不均匀沉降

震害概要：图为阪神大地震中某街道的不均匀沉降。其主要现象为地表开裂。造成该地不均匀沉降的原因可能是由于饱和砂土的液化，造成地表的沉陷。

考察要点：对周边建筑物地基的变形进行记录和分析。

对策例：对于由砂土液化而造成的小范围沉降现象，可采用土体置换的方法，去除表面液化砂土，并覆以新土压实，或使用强夯法，利用重锤的冲击力将土体压实。

图2.25　路基的不均匀沉降

第三章 建筑结构典型灾害事例与解说

随着经济的发展,人们对建筑物的美学要求也不断提高,因此,许多的新型及异型建筑(如图3.1)便应运而生,这些建筑不同于传统建筑的呆板模式,其造型多样,视觉美观。但同时由于这些建筑结构的不规则性,导致体形不均匀、不规整,无论是在平面或立面上,结构布置在几何尺寸、质量、刚度、延性等方面往往都会发生突然变化。因此,对于我国有40%以上地区属于7度地震烈度区,且有70%的拥有百万以上人口的大城市位于设防区的实际现状来说,抗震抗风等对新型建筑提出了更高的要求。

图3.1 城市中的新型及异型建筑

第三章 建筑结构典型灾害事例与解说

图 3.2 建筑结构体的破坏

地震中建筑物的破坏一般包括基础的破坏以及结构体的破坏。基础的破坏的原因包括砂土液化导致的基础沉降不均匀,基础沉陷或倾斜、滑坡等;结构体的破坏(如图3.2)包含很多因素。按结构体的不同建筑材料,可将其分为钢筋混凝土建筑物的破坏、钢及钢骨结构建筑物的破坏、砌体结构和木结构建筑物的破坏等。

以下将结合图片对建筑结构典型灾害事例的外观现象及破坏原因、现场考察要点和抗震防灾措施、破坏机理等进行较为详细的解说。

3.1 建筑结构基础的破坏

震害现象：1995年阪神大地震中，神户港等沿海口地面出现下沉、前倾，地基发生不均匀沉降，造成地面隆起，对建筑结构地基产生了一定的影响。

考察要点：记录发生不均匀沉降的位置，量测其高差；对上部结构的变形进行记录和分析。

破坏机理：淤泥、淤泥质土等软弱土抗剪强度低，受扰动时强度降低，变形增大，导致不均匀沉降。

对策例：在建筑地基的主要受力范围层内存在软弱土层时，可采用桩基、地基加固处理、加强基础的整体性和刚度的办法。

图3.3 地基的不均匀沉降

震害现象：地震时，土体大量下滑，使得基础与上部结构结合处的界面裸露，建筑物的使用安全受到严重的威胁。

破坏机理：边坡倾斜度较大地区，当地震发生时，由于土体的下滑力大于摩擦力而导致土体大量下滑。

对策例：要注意场地的选择，根据地震安全性评价尽量选择比较安全的场地，对于不符合抗震要求的应采取适当的加固措施。

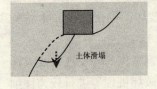

图3.4 滑坡破坏

第三章 建筑结构典型灾害事例与解说

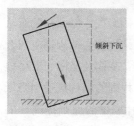

震害现象：地震时，地面发生砂土液化的现象，造成了建筑物大量下沉和不均匀沉降，建筑物发生了倾斜，并引发建筑物的破坏。

考察要点：观察建筑物的沉降情况；量测两侧不同的沉降量，并对土样进行采集和分析。

破坏机理：地震时发生砂土液化，液化使得地基土的抗剪强度丧失，造成建筑物下沉及不均匀沉降。

对策例：对存在液化土层的建筑地基应根据建筑的抗震设防类别、地基的液化等级采取抗液化措施，全部消除或部分消除地基液化，并对上部结构采取合理的措施以减轻液化的影响。

图 3.5 砂土液化导致的建筑物倾斜与沉陷

震害现象：1995 年阪神地震中造成整个建筑物倒塌，堵塞整个公路，但结构体本身并未发生明显的毁坏，人们在墙上开洞冒着危险抢救公司资料等。

考察要点：记录上部结构的破坏特点；观察基础的形式。

破坏机理：由于基础设计得不合理，其承载力的设计值不能满足抗震要求，导致地基失稳。

对策例：基础结构应有足够承载力承受上部结构的重力荷载和地震作用，基础与地基应保证上部结构的良好嵌固、抗倾覆能力和整体工作性能。

图 3.6 基础失稳破坏

3.2 钢筋混凝土结构的破坏

我国无论在地震区还是非地震区的多层和高层房屋设计中都大量地采用钢筋混凝土结构形式，目前在工程中常用的结构体系有：框架结构、抗震墙结构、框架－抗震墙结构、筒体结构。其破坏（如图3.7）类型包括：平面刚度分布不均匀、不对称产生的震害；竖向刚度突变产生的震害；防震缝处理不当产生的震害；柱的震害；梁的震害；梁柱节点的震害；墙体的震害等。

对于钢筋混凝土建筑，应选择合理的基础形式，保证基础有足够的埋置深度，条件适宜的应设置地下室；结构的自振周期应避开场地的特征周期，以免发生共振而加重震害；平面及竖向布置应规则，避免突然变化，对于平面和竖向布置不规则的结构应适当降低结构的最大适用高度；按照通常所说的强柱弱梁的原则提高柱的强度，增强其变形能力，当然也要满足抗震设计的基本要求。

下面图3.8～图3.20将通过照片对其震害形式进行分析。

图3.7 钢筋混凝土结构的破坏

第三章 建筑结构典型灾害事例与解说

震害现象：此建筑为大开间结构，底层多用于车库或商店，地震时，由于开间较大，部分刚度较小，建筑物的底层发生损毁，整个建筑物发生侧倾。

考察要点：观察构筑物的结构形式；记录破坏的位置及特点。

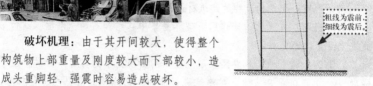

破坏机理：由于其开间较大，使得整个构筑物上部重量及刚度较大而下部较小，造成头重脚轻，强震时容易造成破坏。

对策例：建筑物的质量及刚度等的分布宜均匀，不应相差较大，震区的建筑物设计尤其要注意。

图3.8 大开间结构的破坏

震害现象：此建筑为钢筋混凝土结构，中间层为结构体系明显变化区，在地震时，此建筑的一整层楼都倒塌破坏了，整个结构发生了较为严重的破坏。

破坏机理：大开间或结构明显变异区为结构软弱部位，承载力较差，地震时往往在此薄弱部位破坏。

对策例：在地震多发地带，应尽量避免将建筑物设计成大开间的结构，对结构明显变异区应采取构造措施，对大开间结构，应适当增加楼板的厚度以及钢筋混凝土结构中钢筋的用量。

图3.9 结构明显变异区的破坏

33

震害现象：在1995年的阪神地震中，许多多层结构的中间层发生了整体破坏，神户市政厅五层以下为钢骨混凝土结构，以上为无钢骨的钢筋混凝土结构，地震时六层部分崩坏，其他层也有轻微的崩坏现象。

考察要点：记录构筑物的建筑材料及结构形式，观察其破坏特点。

破坏机理：在大的地震作用下破坏易集中在结构布局、刚度、结构形式发生变化的部位。

对策例：对于地震多发区原则上应采用新规范中的剪力系数进行水平强度设计，若在现有基础上对建筑进行加固，则应将五层以上进行拆除，拆除后可加一层钢结构，4层以下进行加固。

图 3.10　神户市政府办公楼的破坏

震害现象：此钢筋混凝土结构为异型建筑，1995年阪神大地震时，此结构产生了较大的裂缝和倾斜，使得结构丧失了其使用功能。

破坏机理：结构沿竖向的质量和刚度有过大突变(图中的A处)时，突变处应力集中，在地震中往往形成薄弱层，产生较大的塑性变形，极易发生破坏。

对策例：对于不规则的建筑结构，应从结构计算、内力调整、采取必要的加强措施等多方面加以仔细考虑，并对薄弱部位采取有效的抗震构造措施以保证建筑的整体抗震性能。

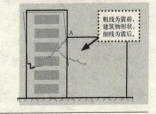

图 3.11　竖向刚度突变产生的震害

第三章 建筑结构典型灾害事例与解说

震害现象：伸缩缝两侧建筑为不同时期兴建，在1995年的阪神地震中，两建筑的结合部位发生了破坏，产生了较为严重的裂缝。

考察要点：记录破坏发生的位置及破坏特点。

破坏机理：伸缩缝左右两侧的建筑可能为不同时期兴建、或者二者的建筑材料不甚相同，导致两者结构振形各异，地震时产生不协调振动因而发生破坏。

对策例：地震多发地区应尽量保证建筑物的整体性，保证其刚度、延性等的一致性，这样才能减少震区建筑物破坏的可能性。

图3.12　不同建筑结合处的破坏

震害现象：此建筑为剪力墙结构，它的开窗较大，地震时，在外纵墙的窗间墙上出现了较为明显的X形的交叉裂缝，使整体结构遭到了破坏。

考察要点：观察记录破坏的形式及特点；记录破坏处的结构特点。

破坏机理：主要是因为墙体为承重构件，地震时受力复杂，而且窗间墙体洞口处受到削弱，而且此建筑开间较大，使得墙体发生了X型的破坏。

对策例：建筑物应本着强柱弱梁的原则进行设计。而且大开间结构往往不利于结构抗震，高烈度区设计时尽量不采用这种结构。

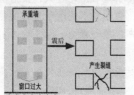

图3.13　承重墙体的剪切破坏

震害现象：此建筑为钢筋混凝土建筑，地震时，墙角处开裂、外倾、钢筋外露，产生了较为严重的破坏。

考察要点：观察记录破坏处的结构及特点。

破坏机理：下层可能为车库，开间较大，另外地震时对房屋具有扭转作用，在墙角处也较大，容易产生应力集中，导致墙角破坏。

对策例：墙角部位是房屋抗震的薄弱环节，设计时应严格按照抗震规范规定的要求，另外应加强对此部位的约束作用，增强结构的整体性。

图 3.14　墙角的破坏

震害现象：在 1995 年的阪神地震中有许多建筑的破坏是由于底层柱子的剪切破坏导致的。此结构为钢筋混凝土结构，地震时底层柱子发生了剪切破坏。造成混凝土部分剥落，纵向钢筋裸露于外面并弯曲。

考察要点：观察破坏的部位及特点，详细记录损伤的具体位置。

破坏机理：由于箍筋间距过大，箍筋所能承受的截面剪力比较小，不能承受过大的侧向力，这时纵筋也产生较大弯曲。柱子发生剪切破坏。

对策例：应对箍筋进行加密设置，柱头和柱脚中箍筋间距应小于或等于 100mm。

图 3.15　柱脚的破坏

第三章　建筑结构典型灾害事例与解说

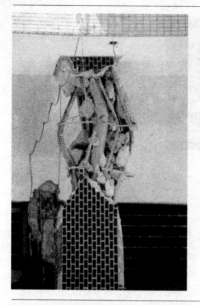

震害现象：此钢筋混凝土结构柱地震时混凝土压碎崩落，裸露出纵筋和箍筋，可以看到柱内箍筋被拉断，纵筋也压曲成灯笼状，破坏是较为严重的。

破坏机理：由于节点处弯矩、剪力、轴力都较大，受力比较复杂，而此柱的箍筋配置不足，锚固不好造成了柱顶的破坏。

对策例：可以采取加密箍筋配置或增大箍筋强度的措施来保证其抗震能力，同时锚固的长度也应符合规范的要求。

图3.16　柱顶的破坏

震害现象：此建筑为钢筋混凝土结构，地震发生时，柱子的混凝土保护层剥落，柱子发生了较为明显的破坏。

破坏机理：当柱高小于4倍的柱截面高度即H/b<4时将会形成短柱，而当短柱的刚度较大时，易产生剪切破坏。

对策例：对于底层柱，箍筋加密区在柱根部位不应小于柱净高的1/3；当有刚性地面时，除柱端外尚应取刚性地面上下各500mm。

图3.17　短柱的破坏

37

震害现象：此钢筋混凝土结构柱地震时混凝土压碎崩落，裸露出纵筋和箍筋，纵筋被压曲成灯笼状，破坏是较为严重的。

破坏机理：此钢筋混凝土角柱处于双向受弯、受剪的状态，再加上扭转作用，其震害比内柱要严重。

对策例：要防备这种现象的发生，可以在主筋外侧配剪切加强筋，在内侧也可作网状配置，这样可加强约束作用，此外应保证箍筋配箍率，使其发挥应有作用。

图 3.18　角柱的破坏

震害现象：节点核心区产生对角方向的斜裂缝或交叉斜裂缝，混凝土剪碎剥落。柱节点纵向钢筋压曲。

破坏机理：节点破坏的主要原因是节点的受剪承载力不足，约束箍筋太少，梁筋锚固长度不够，梁柱断面小以及施工质量差所引起。

对策例：对于此种震害，在结构设计时，应根据"强节点弱构件"的原则，梁柱节点的承载力宜大于梁、柱构件的承载力，加密约束箍筋。

图 3.19　梁柱节点的破坏

震害现象： 从左面的照片可以看到，地震的作用下，此建筑出现明显裂缝，且有部分倒塌，上部的破坏情况明显比下部的严重。

破坏机理： 砌体填充墙刚度大而承载力低，首先承受地震作用而遭破坏，且变形能力小，墙体与框架缺乏有效的拉结，在往复变形时墙体易发生剪切破坏和散落。

对策例： 由于空心砌体墙的破坏较实心砌体墙严重，砌块墙较砖墙严重，因此应选择合适的墙体作为填充墙，另外应加强框架与墙体之间的有效拉结。

图 3.20 填充墙的破坏

3.3 钢结构与钢骨结构的破坏

钢材是适宜建造抗震结构的材料，其强度高、自重轻、材质均匀，因此结构的可靠性大；钢材的延性好，使结构具有很大的变形能力，即使在很大的变形下仍不倒塌，可以保证结构的安全性。因此在世界各国的高层及超高层建筑中被广泛采用，如图 3.21。

但是若钢结构房屋设计和制造不当，在地震作用下，仍可能发生构件的

图 3.21 高层建筑

图 3.22 钢骨结构的破坏

失稳、材料的脆性破坏以及连接破坏,主要震害表现为结构倒塌、构件破坏、节点破坏、基础连接破坏等。

对于钢结构的抗震设计,首先要选择适宜的建筑场地;其平面布置应简单、规则、对称,保持结构良好的整体性和抗侧刚度,其立面和竖向剖面宜规则,结构的质量和侧向刚度沿竖向分布应均匀连续,竖向抗侧力构件的截面尺寸和材料强度宜自下而上逐渐减小,避免形成薄弱部位产生应力集中和塑性变形;钢结构房屋的楼盖宜采用压型钢板现浇混凝土组合楼板或非组合楼板;不超过 12 层的钢结构房屋可采用框架结构、框架-支撑结构或其他结构类型,超过 12 层,宜采用偏心支撑,带竖缝钢筋混凝土抗震墙板、内藏钢筋混凝土墙板及其他消能支撑及筒体结构;此外钢结构房屋宜设置地下室,地下室的设置,可提高上部结构的抗震稳定性、抗倾覆能力、增加结构下部整体性、减小沉降。

钢骨结构又称型钢混凝土结构,其研究始于 20 世纪初的欧美,现已成为组合结构的主要形式之一。由于其具有强度高、刚度大、延性好、抗震能力强等优点,因此越来越广泛地被应用于高层与高耸结构、大跨结构和转换层结构等,尤其是在日本被大量的采用;型钢混凝土组合结构与普通钢筋混凝土结构相比,具有承载能力高,抗震性能好,经济指标好,近年来在高层及超高层建筑中应用广泛。在日本的阪神地震中,此种结构的破坏并不是很严重,如图 3.22。但由于它的广泛应用,其安全性研究仍然极为重要。

图 3.23 ~ 图 3.28 将结合照片对钢结构及钢骨结构的破坏及抗震注意事项等情况进行分析和说明。

第三章 建筑结构典型灾害事例与解说

震害现象：在1995年的阪神地震中，下部的柱子首先发生了屈曲破坏，从而导致了整个建筑的倒塌。

考察要点：记录构筑物的建筑材料，观察柱子的破坏特点。

破坏机理：由于结构楼层屈服强度系数和抗侧刚度沿高度分布不均匀造成了结构薄弱层的形成。

对策例：应加强下部柱子的承载能力，如增加斜撑等。

粗线为震前建筑物形状，细线为震后形状。

图3.23 柱子破坏导致整体结构倒塌

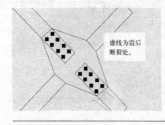

震害现象：地震时，成X形交叉的钢梁下翼缘处出现了断裂的现象，丧失了其原有的作用。

考察要点：记录结构的破坏部位及其特点。

破坏机理：由于节点传力集中，构造复杂，施工难度大，易造成应力集中，强度不均衡的现象，再加上螺栓连接的一些构造缺陷，极易出现节点破坏。

对策例：为了加强节点处的连接作用，在高烈度区可采用骨形连接节点，其设计思想是在节点以外实现受弯塑性铰，使节点处免于破坏。

虚线为震后断裂处。

图3.24 支撑节点破坏

41

震害现象：此建筑为简易钢骨结构房屋，地震时，构筑物倒塌封路，而其周围的钢筋混凝土结构并未破坏。

考察要点：记录构筑物的建筑材料，观察其破坏特点。
破坏机理：此类钢骨结构房屋抗震能力较差，承载力不足。
对策例：由于此种结构的抗震能力较差，在地震多发地带应尽量少的采用此种结构，或者加强钢骨的承载能力，增强结构的刚度及延性。

图 3.25　简易钢骨造房屋的破坏

震害现象：1995 年的阪神地震中，此钢骨建筑产生了较大的残余变形，发生了一定程度的倾斜。
考察要点：记录构筑物的结构特点及建筑材料；记录其破坏特点。
破坏机理：主要是由于支撑柱的失效导致楼层发生了较大的塑性变形。

对策例：应加强支撑柱的承载能力，采取加固的措施防止其失效。

图 3.26　钢骨造建筑的残余变形

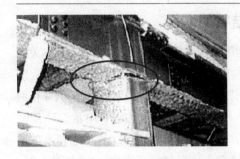

震害现象：此结构为钢骨结构，地震中，冷弯成型的角形钢管柱与 H 形断面梁的连接部位发生了破坏。

考察要点：观察构筑物的结构特点；记录破坏的部位及破坏特点。

破坏机理：此破坏可能是由于加劲肋的设置不合理所致，也有可能是由于焊接质量不良引起的。

对策例：柱子内的加劲肋板应与梁的上下翼缘同高；同时梁端不应采用角焊缝而应采用熔焊缝。

图 3.27 梁、柱接合部位的破坏

震害现象：地震时一些年代较久的钢结构在其与表面材料结合的部位，即外墙部位极易发生裂缝、剥落等现象，而结构本身并未破坏。

考察要点：记录结构的部位及其破坏特点；观察建筑物的结构形式。

破坏机理：由于结构的年代较为久远，混凝土外墙与钢骨间的粘合力下降导致了外墙的剥落和裂缝。

对策例：对于此种问题应加强外墙与结构体本身的连接，此外应加强外墙本身的强度。

图 3.28 装饰外墙的剥落

3.4 砌体结构与木结构的破坏

大量震害表明传统的砌体结构抗震性能较差：1923年日本关东大地震，东京约有砖石结构房屋7000栋，几乎全部遭到不同程度的破坏；1948年原苏联阿什哈巴德地震，砖石结构房屋的破坏和倒塌率达到70%～80%；1976年唐山地震，对烈度为10度、11度区的123栋2～8层砖混结构房屋调查，倒塌率为63.2%，严重破坏为23.6%，尚能修复使用的4.2%，实际破坏率达95.8%，如图3.29。

砌体结构抗震性能差的原因：刚度大、自重大，地震作用也大；砌体材料质脆，抗剪、抗拉、抗弯强度低，地震作用下极易出现裂缝；受施工质量的影响较大；如砂浆不饱满，易出现裂缝，减弱抗震性能。

日本在阪神地震之前兴建的建筑有许多是木结构的。对于传统建筑木结构，由于年代较远，建材腐朽或结构不良，地震时墙体极容易产生裂缝或倒塌；屋顶塌落甚至导致构筑物整体的破坏或坍塌。1995年阪神地震中大量的木造房屋发生破坏，如图3.30。由于木结构的承载能力较低，抗震能力较差，在震区并不倡导采用木结构，地震之后应重新对于这些建筑进行抗震性能评价。由于其美观及舒适性，目前木结构仍被采用，因此对其抗震性能的研究仍然具有较为重要的意义。

在北美及日本大量使用的轻型木结构是一种很好的选择，如图3.31。这种类型的结构主要是以钢筋混凝土或砌体为基础，上部结构采用规格板材和木基结构板材以及其他工程木产品，其特征类似箱型结构。上部

图3.29　砌体结构的破坏

第三章 建筑结构典型灾害事例与解说

图 3.30 木结构的破坏

图 3.31 轻型木结构

结构与基础之间通过锚栓连接,楼屋盖和剪力墙形成结构的主要抗侧力体系。地震时,水平地震力通过横向水平构件即楼盖和屋盖传至每层剪力墙,每层剪力墙将所受地震力相加传至底层剪力墙并传递到基础。1995年日本的阪神地震,里氏7.2级,这次地震中有9万多栋日本传统的木结构建筑倒塌,而采用北美轻型木结构体系建造的8000多幢住宅,除了30%有可修复的轻微破坏外,其余无一幢倒塌。

下面图3.32~图3.38将结合照片对砌体结构及木结构的破坏及防震注意事项等情况进行分析和说明。

震害现象:唐山市文化路青年宫,为砖混结构的二层楼房,7.8级地震时倒塌一层,7.1级余震时除四根门柱外,全部坍塌。

破坏机理:可能由于一层的开间较大,7.8级地震时,一层倒塌,而房屋的整体性又较差,上层墙体较弱,7.1级余震时除四根门柱外,全部坍塌。

对策例:应增加纵横墙体的连接,加强整个房屋的整体性;而加设圈梁是不错的选择,它可箍住楼盖,增强其整体刚度,减小墙体的自由长度,增强墙体的稳定性,可提高房屋的抗剪强度,约束墙体裂缝的开展,抵抗地基不均匀沉降,减小构造柱计算长度。

图3.32 砖混结构房屋的整体倒塌

第三章 建筑结构典型灾害事例与解说

震害现象： 开滦煤矿医院，为砖混结构的五层楼房（局部七层），1976年唐山地震发生后，仅西部的转角残存。

破坏机理： 此建筑的个别部位的整体性特别差，平面或立面有显著的局部突出，且抗震缝处理不当，这些原因均导致了房屋的局部倒塌。

对策例： 应加强结构个别部位的整体性能，使得结构具有一定的变形能力，例如可加设钢筋混凝土构造柱来提高对墙体的约束作用，达到提高结构整体性能的目的。

图3.33 砖混结构房屋的局部倒塌

震害现象： 此建筑结构为砌体结构，地震时发生了外纵墙窗口上下皮处的水平裂缝、纵横墙交界处的垂直裂缝以及窗间墙体的X形交叉裂缝。

破坏机理： 墙体在竖向压力和反复水平剪力作用下产生的裂缝。当房屋纵向承重，横墙间距大而屋盖刚度弱时，纵墙平面受弯产生水平裂缝；垂直裂缝大都发生于纵横墙交界处或变化较大的两种体系的交界处，X形交叉裂缝多出现在窗间墙体。

对策例： 砌体房屋的抗震能力较差，其建设应符合规范的要求，所有纵横墙交界处及横墙的中部，均应设置构造柱。同时窗间、楼梯间均为薄弱部位，因此应加强其整体性，且不宜开得过大。

图3.34 砖混结构墙倒顶塌

震害现象：此建筑为位于唐山市开滦煤矿的救护楼，为砖混结构人字木屋架的三层楼房，1976年的唐山地震，墙倒顶塌。

破坏机理：由于个别部位的整体性较差，纵墙与横墙间的联系不好，房顶的自重较大，刚度差，砌体强度过弱，导致地震时墙倒顶塌。

对策例：砌体房屋在结构设计时，楼、屋盖的钢筋混凝土梁或屋架，应与墙、柱（包括构造柱）或圈梁可靠连接，梁与砖柱的连接不应削弱柱截面，各层独立砖柱顶部应在两个方向均有可靠连接。

图3.35　砖混结构墙倒顶塌

震害现象：在1995年日本的阪神地震中许多的木结构被毁。此建筑为木结构，其木造房屋的墙体发生了严重的破坏。

考察要点：观察房屋的破坏特点及破坏程度，记录房屋的材料及结构特点。

破坏机理：木结构本身各部分的抗震能力较差，又由于可能年代较远，建材腐朽导致结构破坏。

对策例：地震多发地区的木造房屋应重新进行抗震性能评价，对于不符合规格的房屋应重建或者对其进行修缮。

图3.36　木造房屋墙体的倒坏

第三章 建筑结构典型灾害事例与解说

震害现象：此结构是木质轻屋顶结构，1995年阪神地震时此房屋产生较多裂缝，且发生倾斜，破坏较为严重。

考察要点：观察房屋的破坏特点及破坏程度，记录房屋的材料及结构特点。

破坏机理：木结构本身存在着承载能力较差，抗震能力低等缺点，地震时极易发生破坏。

对策例：对于抗震能力较差的建筑应进行加固，如在建筑物外面增加钢筋混凝土面层、加设立柱和拉杆等的形式。

图 3.37 轻屋顶木造房屋的倒坏

震害现象：此建筑为木结构，在阪神地震中造成了许多木质结构的破坏。图中破坏房屋旁边的建筑保持完好。

考察要点：观察房屋的破坏特点及破坏程度，记录房屋的材料及结构特点；观察并记录周围建筑的破坏状况。

破坏机理：此房屋的屋顶采用了较重的建筑材料，造成了结构头重脚轻，而柱子的部位较弱，因此地震时造成较为严重的破坏。

对策例：对于地震多发地区，尽可能地采取抗震能力较强的建筑结构形式，普通木结构房屋往往抗震能力较差。若采用木结构，可以用在梁枋下面支顶立柱的形式来加强其抗震能力，或者采用轻型木结构。

图 3.38 木造房屋的整体倒塌

3.5 建筑结构抗震防灾对策

(1) 抗震设防的基本要求

抗震设防的总体目标是:通过抗震设防,减轻建筑的破坏,避免人员死亡,减轻经济损失。

抗震设防的发展可分为以下三个阶段,单一水准设防、"三水准"的抗震设防及"性能设计"。

单一水准设防思想是我国 74、78 规范和目前许多国家采用的设防思想。其设防目标是:当遭遇相当于设计烈度的地震时,建筑物的损坏不致使人民生命财产和重要生产设备遭受危害,建筑物不需修理或经一般修理仍可继续使用。

"三水准"的抗震设防要求为:当遭受低于本地区抗震设防烈度的多遇地震影响时,一般不受损坏或不需修理可继续使用;当遭受相当于本地区抗震设防烈度的地震影响时,可能损坏,经一般修理或不需修理仍可继续使用;当遭受高于本地区抗震设防烈度的预估的罕遇地震影响时,不致倒塌或发生危及生命的严重破坏。简称为"小震不坏,中震可修,大震不倒"。

"三水准"抗震设防是对单一水准设防的改进,是向"性能设计"发展的重要步骤。

"性能设计"的要点如下:

1) 对抗震设计,规定相应的地震作用标准,如表 3.1。
2) 建立建筑应满足的性能水准如表 3.2 所示。
3) 确立设防性能目标,如表 3.3。

地震作用标准　　　　　　　　　　表 3.1

	重现期
常遇地震	43 年(新建),72 年(现有工程加固)
偶遇地震	72 年(新建),225 年(现有工程加固)
少遇地震	475 年(新建和现有工程加固)
罕遇地震	970 年(新建),2475 年(现有工程加固)

建筑物性能水准 表3.2

性能水准	要求
正常使用	结构和非结构构件不损坏或很小损坏
可以暂时使用	结构和非结构构件需很少量的修复工程
生命安全	结构保持稳定,具有足够的竖向承载能力储备,非结构构件的破坏控制在保障生命安全范围
防止倒塌	建筑保持不倒,其余破坏都在可接受范围

设防性能目标 表3.3

地震作用水准	建筑性能水准			
	正常运行	可暂时使用	生命安全	防止倒塌
常遇地震	a			
偶遇地震	e	b		
少遇地震	h	f	c	
罕遇地震	g	i	j	d

其基本目标如下：一般使用要求的建筑应具备 a、b、c、d 项的组合；重要性较高或地震破坏后危险性较大的性能目标为 e、f、g 的组合；对安全有十分危险影响的性能目标为 h、i、j 项的组合。

4) 规定地震作用下结构变形的允许指标

应建立结构构件在规定的地震水平作用下的允许破坏水平，结构和非结构构件宏观破坏状态的描述和允许变形指标。

为使建筑物达到规定的抗震设防要求，必须采取相应的抗震防灾措施，这些措施基本原理是：增强强度、提高延性、加强整体性和改善传力途径等。

良好的抗震设计应尽可能的满足如下原则：

a) 场地选择的选择原则是：避免地震时可能发生地基失效的松软场地，选择坚硬场地。在地基稳定的条件下，还可以考虑结构与地基的振动特性，力求避免共振现象。

b) 体形均匀规整，无论是在平面或立面上，结构的布置都要力求使几何尺寸、质量、刚度、延性等均匀、对称、规整，避免突然变化。

c) 提高结构和构件的强度和延性。

d) 防止脆性与失稳破坏,增加延性。

e) 多道抗震防线,使结构具有多道支撑和抗水平力的体系,就可在强地震过程中,一道防线破坏后尚有第二道防线可以支撑结构,避免倒塌。

(2) 震后评估与加固

地震使得许多建筑物都或多或少地遭到了破坏,因此震后应尽快对破坏的建筑物进行加固评估。有些建筑破坏不大,仍可使用,或经过小的修复仍可使用,这一类建筑一般都允许人进入,在门外贴有绿色标记告诉人们该处允许进入;而另外一些破坏严重的建筑不能继续使用,甚至不让人进入,这一类房屋一般在大门处贴有红色警示牌以告诫不要进入,如图 3.39。

对于不合乎抗震要求的应拆除重建或采取如下加强措施:在建筑物和构筑物外面增加水泥砂浆面层、钢筋水泥砂浆面层或钢筋混凝土面层,也可以采用喷射混凝土的方法加固;加设圈梁、加设构造柱和加设拉杆。外加圈梁可采用现浇钢筋混凝土圈梁或加型钢圈梁;为防止房屋外纵墙或山墙外闪、屋架或梁端外拔,通常可采用拉杆进行加固。

图 3.39 震后的评估

第三章 建筑结构典型灾害事例与解说

目前较新的有碳纤维加固材料,碳纤维适用于钢筋混凝土受弯、轴心受压、大偏心受压及受拉构件的加固。其特点是自重轻、厚度小,不改变结构外观;具有柔软性,能使用于圆形、弧形、异形等复杂外形的构件;抗拉强度大,能够提高构件的抗弯、抗剪和抗压承载力;潮湿环境、潮湿表面可采用高湿型的树脂施工;防水、耐酸碱、抗腐蚀;施工品质易于控制,可进行破坏性检测,并易于修复还有抗老化的功能。

第四章 桥梁的地震灾害

桥梁是生命线系统工程的重要组成部分，它作为重要的社会基础设施，具有投资大、公共性强、维护管理困难等特点。如图 4.1、图 4.2 所示。桥梁同时又是抗震防灾、危机管理系统的一个重要组成部分。

图 4.1 大型跨河桥

震区桥梁的破坏，不仅直接阻碍了及时的救援行动，使次生灾害加重，导致巨大的生命财产以及间接经济损失，而且给灾后的恢复重建带来了困难。同时，遭受破坏的大型桥梁修复起来比较困难，严重影响交通运输的尽快恢复。总结历次破坏性地震中桥梁的震害现象，主要有以下几类：

图 4.2 大型城市立交桥

第四章　桥梁的地震灾害

1. 上部结构的破坏

桥梁的上部在很多情况下是由于桥梁结构的其他部位的毁坏而导致上部结构的破坏。其中落梁破坏是比较常见的，也是比较严重的现象。主要是由于桥台、桥墩倾斜、倒塌，支座破坏，梁体碰撞，相邻桥墩间发生过大相对位移引起的。落梁破坏根据梁体下落的形式分为顺桥向的破坏和横桥向的扭转滑移破坏。顺桥向是比较多见的一种，梁在顺桥方向发生坠落时，很可能给下部结构带来很大的破坏。

2. 支撑连接部位的破坏

桥梁伸缩缝、支座和剪力件等支撑连接部位是比较薄弱的环节，在历次地震破坏中在这些部位发生的破坏比较普遍。主要是由于制作设计没有充分考虑抗震要求，连接与支撑构造措施不足，以及某些支座形式和材料本身的缺陷。其主要破坏形式为支座锚固螺栓拔出、剪断、活动支座脱落等。由于支撑连接部位的破坏会引起力的传递方向的改变，从而影响了结构的其他部位，进一步加重震害。

3. 桥台、桥墩的破坏

桥墩、桥台的严重破坏现象包括倒塌、断裂和严重倾斜。如台墙因配筋不足被梁体撞穿，或承受过大的动土压力而倾倒。石砌或混凝土墩身的破坏绝大多数从施工接缝处的轻微裂缝开始，继而扩展至四周造成剪断面破坏，甚至导致墩身移位或断落。对钢筋混凝土桥墩，比较常见的破坏现象有桥墩轻微开裂、混凝土保护层剥落；较严重则是桥墩剪断、受压混凝土压碎、钢筋裸露屈曲、桥墩与基础连接处折断等。

4. 基础破坏

在一般情况下，基础自身的破坏并不多见。基础自身发生破坏，一般是由不良地基条件造成的，如砂土液化、地基下沉、岸坡滑移或开裂等。但是这并不是说我们可以忽略基础破坏，基础的下沉引起桥梁墩台的沉陷，造成桥梁的震害；地基的液化使其剪切强度大大降低，会使桥梁基础及桥台受静土压力和地震土压力的作用而沿液化层水平滑移或转动。

4.1 公路桥破坏形态

震害概要：在水平地震力的反复作用下，桥墩下端产生塑性变形，位于塑性铰区域内的钢筋产生部分屈曲现象，混凝土保护层剥落，造成混凝土部分剥落，箍筋裸露。

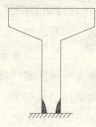

考察要点：详细记录损伤的具体位置，塑性铰的范围，钢筋的分布状况。

破坏机理：地震作用下，单柱式桥墩基底弯矩最大处首先产生塑性变形，如桥墩韧性不足，将导致桥墩进一步破坏。

对策例：加密箍筋配置，增大主筋的搭接长度。

图 4.3 桥墩底部箍筋弯曲

震害概要：1995 年阪神大地震中神户某桥梁两跨在墩顶或台顶发生错台，形成高差。从图中可以看出，这个高差很大。

考察要点：重点检查桥面的破坏情况，同时检查下部地面是否隆起。

破坏机理：基础的竖向位移导致了桥面的错台、高差。

对策例：用碳纤维布来提高桥梁的抗弯性能或用钢筋网混凝土补强加固；也可用粘结玻璃钢来加固，但是玻璃钢的弹性模量比混凝土低，荷载作用下产生的变形较大，且玻璃钢在恶劣环境下的老化问题较突出。

图 4.4 桥面形成错台

第四章 桥梁的地震灾害

震害概要：1995年阪神大地震中，图中桥墩产生弯曲破坏。首先，在桥墩的底部出现微裂缝，随着惯性力的增大微裂缝继而扩展造成破坏，混凝土也随之脱落，箍筋裸露于外。

考察要点：观察有无钢筋拔出现象；观察裂缝的发展形态与范围。

破坏机理：水平地震力的作用使桥墩来回摇晃，由于受弯使桥墩根部受挤压导致混凝土保护层脱落。

对策例：损伤不严重时，对发生塑性弯曲的钢筋，可部分凿除混凝土保护层后，补焊相同面积的受力主筋，对混凝土进行界面处理后浇筑微膨胀混凝土以加固。

图4.5 桥墩表面混凝土剥落

    震害概要：1995年阪神大地震中神户某桥梁桥面产生过大间隙，同时出现高差。

考察要点：重点检查桥面的破坏情况，同时检查桥墩间是否产生位移。

破坏机理：下部结构产生纵向位移，进一步导致了桥面开裂，桥面产生过大间隙，同时下部结构存在竖向位移，所以桥面有高差。

对策例：用碳纤维加固桥面，用隔震支座来减小下部结构对桥面的影响。目前有板式橡胶支座、高阻尼橡胶支座和铅芯橡胶支座等类型。

图4.6 桥面产生过大间隙

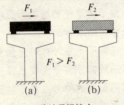

F_1, F_2 为地震惯性力；
图 (a) 的桥板是混凝土结构；
图 (b) 的桥板是钢结构。

震害概要：在地震中，上部结构为钢筋混凝土结构的桥梁，在地震力的作用下独立桥墩发生剪切破坏导致较大的梁体倾侧，造成桥梁倒塌。而上部结构为钢结构的桥梁（读者近侧）则没有产生倒塌现象。

考察要点：记录倒塌的方向，墩柱的破坏形态，如粘结破坏，钢筋拔出，保护层剥落情况等，为抗震设计积累经验与资料。

破坏机理：在水平地震力的作用下，桥墩韧性不足，导致桥墩发生剪切破坏。

对策例：疏通被阻塞的道路，及时进行震后恢复重建。

图 4.7 桥墩倾覆

震害概要：1995 年阪神大地震中桥梁桥墩底部受弯出现塑性铰，同时连接件破坏，桥墩倾斜，失去与上部结构的联系。

考察要点：检查塑性铰区的混凝土脱落及钢筋屈服情况，同时检查支座处连接件的破坏。

破坏机理：主要原因是桥墩抗弯强度不足，可能是由以下两种情况引起的：
1. 箍筋间距过大或强度过小。
2. 截面尺寸过小。

对策例：加密箍筋，增大截面尺寸；用碳纤维提高桥墩抗弯强度；采取构造措施，加强桥墩与梁的连接。

图 4.8 桥墩倾斜

第四章 桥梁的地震灾害

震害概要：1995年阪神大地震中神户某桥发生落梁破坏。这主要是由于在水平地震力的作用下，梁和桥墩的相对位移过大，桥面支撑端太窄，支座又丧失约束能力，从而导致落梁破坏。

破坏机理：本图的水平地震力的作用使支撑桥梁的桥墩发生相对位移，同时由于支撑端过窄，所以发生了落梁破坏。

对策例：安装落梁防止装置，有利于防止此类落梁破坏。

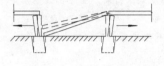

图4.9 落梁破坏

震害概要：1995年阪神大地震中，桥梁上部结构发生破坏。从图中我们可以看到伸缩缝等处由于相对运动造成撞击破坏，桥面铺装层破坏，混凝土破碎等。

考察要点：记录破坏的位置，描述破坏的形态，可揭开铺装层表层观察混凝土的损伤状况，有无露筋现象发生。

破坏机理：相邻结构的间距过小，在地震力的作用下就发生碰撞，产生非常大的撞击力，从而使结构破坏。

对策例：混凝土局部破碎者，若不影响构件强度，可通过涂抹环氧砂浆等进行封闭，但对于预应力混凝土主梁，应仔细检查有无封锚混凝土冲击破坏的现象。

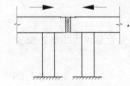

图4.10 桥面冲击破坏

震害概要：1995年阪神大地震中西官市西官大桥桥墩下部出现裂缝，中间部位混凝土剥落，中部的剪切破坏使得上部结构产生位移。

考察要点：记录桥墩破坏的部位、具体形式及特点。重点检查钢筋是否屈曲，是否被海水锈蚀。

破坏机理：桥在水平地震力的作用下，桥墩下部的横向约束箍筋不足，从而导致了如图所示的剪切破坏。

对策例：针对这种破坏形式，可采用粘贴钢板法或粘贴碳纤维加固法。图中的破碎混凝土可以采用置换混凝土的方法。

图4.11 西宫大桥柱脚剪切破坏

震害概要：图中箱梁产生了压屈破坏。从图中我们看到箱梁表面有油漆脱落及颜色变化，主要是由于受到反复的非弹性压屈。

考察要点：检查桥墩角部是否受过大压屈、检查孔周围有无油漆脱落。

破坏机理：桥墩对箱形梁作用了一个竖直向上的作用力，箱梁的加劲肋间距过大或是因为强度不够而导致箱梁屈曲。

对策例：加密加劲肋或提高加劲肋强度。

图4.12 钢桥桥梁的屈曲破坏

第四章　桥梁的地震灾害

震害概要：阪神大地震中名神高速公路上的某钢桥桥墩发生受压破坏。从图中我们可以看到整个桥墩完全压坏，桥面也随之倾倒。

考察要点：记录桥墩的破坏形式及特点，为以后的抗震设计提供宝贵的经验。

破坏机理：钢桥墩的截面尺寸不足导致了桥墩压曲破坏，上部结构受桥墩的影响也随之遭到了严重的破坏。

对策例：加大钢桥墩的截面尺寸；提高构件钢材的强度，也可以用增大混凝土填充高度作法提高桥墩的承载力。

图 4.13　钢桥墩的受压破坏

震害概要：在 1995 年阪神大地震中由于上部结构纵向位移过大，桥梁不同跨在墩顶发生过大间隙，造成泄水管发生断裂，多从接头处断开。

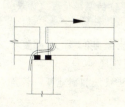

考察要点：泄水管的破坏是震后桥梁检查中经常遇到的现象，在修复中不应忽视，可记录发生断裂的桥墩编号，有针对性地予以修复。

破坏机理：在水平地震力的作用下，相邻两结构间产生较大的相对位移，泄水管随之断裂。

对策例：加强梁与梁或梁与桥墩的连接。

图 4.14　泄水管断裂

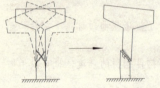

震害概要：如图4.15所示，在水平地震荷载的作用下，裂缝沿45°贯穿于桥墩，把桥墩分成两部分，箍筋屈服，我们可以看到压碎的混凝土散落在旁边。

考察要点：记录破坏的具体位置及破坏形状。

破坏机理：桥墩箍筋不足，导致纵向主筋失效，从而在地震力的作用下发生脆性的剪切破坏。

对策例：桥墩应加密箍筋；提高箍筋强度；加强纵向钢筋间的连接，增大主筋的搭接长度。

图4.15 桥墩剪切破坏

震害概要：基础偏离原有位置，可能发生隆起、沉降、转动等不同类型的变位，左图中的基础即发生了顺时针方向的转动，靠路面一侧隆起，而对侧则下沉。原因一般是在地震作用下发生了砂土液化，土层失去了对侧向力的抵抗能力。

考察要点：检查中应记录发生变位的基础位置（如墩、台编号），变位的形态（隆起、沉降、转角等）。

破坏机理：地震力使地基土发生竖向位移，基础随之也产生竖直向上的位移，同时地面发生隆起。

对策例：变位不大时，可通过注浆法加固地基，转角变位严重者应先采取措施予以纠偏。

图4.16 基础变位

震害概要：1995年阪神大地震中阪神高速三号神户线上一个10m高的单柱钢桥墩倒塌，图中桥墩位于倒塌桥墩的旁边，我们可以看到有一条环废的裂缝，桥墩的油漆也有脱落。

考察要点：检查裂缝的宽度，油漆脱落情况。

破坏机理：地震力的作用下，桥墩的抗弯强度不够，从而产生了弯曲破坏。左边的破坏机理图中，右侧图为此钢桥墩破坏的

具体情况，侧图分别为厚壁、薄壁及处于两者之间的破坏情况。

对策例：加大桥墩截面尺寸或增强钢材强度。

图 4.17 钢桥墩中部弯曲破坏

4.2 铁路桥梁破坏形态

震害概要：如图 4.18 所示，在地震力的作用下，此桥两桥墩在顶部出现塑性铰，另外一桥墩受压破坏后长度缩短，导致一跨倾斜，附近跨桥面倒塌。

考察要点：记录桥墩破坏的具体形状、位置。

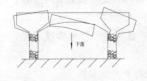

破坏机理：在水平地震力的作用下，桥墩先出现塑性铰而破坏，梁端至桥边缘的距离过小而导致上部结构发生落梁破坏。

对策例：加固桥墩以防止下部结构破坏。

图 4.18 落梁破坏

震害概要：1995 年阪神大地震中神户某双层框架桥下层发生剪切破坏。图中桥墩中部与梁的连接部位产生 45°的裂缝，把桥墩分为两部分。

考察要点：记录桥墩的破坏形式，钢筋屈服形式，混凝土破坏情况，为以后的抗震设计提供宝贵的经验。

破坏机理：水平地震力的作用下，桥墩在与梁连接处的横向约束钢筋不足，使桥墩抗剪承载力不足，从而产生了剪切破坏。

对策例：加强墩梁连接处的箍筋配置；加大截面尺寸。

图 4.19　双层框架桥下层剪切破坏

震害概要：1995 年阪神大地震中山阳新干线上某框架混凝土高架桥八个桥墩全部破坏，上部结构也倒塌。

考察要点：检查八个桥墩的具体破坏形式，同时检查桥面的破坏情况，为将来的抗震设计提供经验。

破坏机理：桥墩细而长，截面抗弯承载力明显不足，桥墩刚性较差，导致桥墩破坏，桥面倒塌。

对策例：加大截面尺寸，提高桥梁抵抗弯矩的能力和韧性。

图 4.20　高架桥桥面倒塌

第四章 桥梁的地震灾害

震害概要：1995年阪神大地震中，桥梁的桥墩上部发生弯曲破坏。由于地震力的作用，墩身出现微细裂缝，桥墩上、下部出现塑性铰，混凝土保护层严重剥落，箍筋裸露在外面，但未破坏。

考察要点：检查中应记录发生破坏的位置，破坏的形态，受力主筋断裂或屈服的情况。

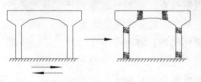

破坏机理：桥墩长度很长，在水平地震力的作用下，在桥墩两端产生很大的弯矩，并出现塑性铰。

对策例：根据破坏情况，一般可采用外包钢板、型钢，并灌注高强无收缩聚合物砂浆的方法进行加固。

图 4.21 桥墩两端出现塑性铰

震害概要：1995年阪神大地震中武库川桥短柱混凝土桥墩柱脚处混凝土沿环向剥落，约束钢筋略有屈服，从图中我们还可以看到周围几个桥墩的不同处有混凝土剥落。

考察要点：记录桥墩的破坏形式，检查桥墩的混凝土剥落情况、钢筋的屈曲情况。

破坏机理：在水平地震力的作用下，混凝土桥墩左右晃动，桥墩的保护层厚度不足，所以产生剥落现象。

对策例：采用喷混凝土法来保护裸露在外面的钢筋；采用粘贴钢板或碳纤维布来提高桥墩的抗弯能力。

图 4.22 武库川桥柱脚破坏

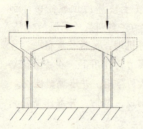

震害概要：从图中我们可以看到桥梁的桥墩上端混凝土剥落，箍筋断裂，纵向钢筋屈服，梁与桥墩断开发生横向移动并下沉。此桥已完全丧失承载能力，不能再继续使用。

考察要点：在检查过程中应记录破坏的位置、形态、纵筋的屈服情况。

破坏机理：在水平地震力作用下，桥墩的上端产生过大的剪力，由于顶部配筋不合理，导致整个结构刚性不足。

对策例：抗震设计方法应从关注结构构件的"强度"向关注结构整体的"性能"转变。

图4.23 桥墩顶部断面设计不合理，刚性不足

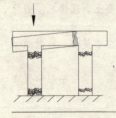

震害概要：1995年阪神大地震中，图中桥梁下部结构发生破坏，桥墩顶部混凝土压碎，一段桥面有横向水平移动并略有倾斜。

考察要点：应重点检查桥墩的受压破坏情况，检查混凝土的压碎的情况，箍筋的屈曲形态。

破坏机理：下部结构在上部结构竖向荷载的作用下，塑性铰区域发生破坏，导致整个结构功能丧失。

对策例：提高配箍率，改变箍筋形状和配置间隔，增大截面尺寸。

图4.24 混凝土压碎

4.3 桥梁抗震防灾对策

(1) 桥梁震害产生的原因及分类：

1) 支撑连接部位失效

桥梁的支撑部位连接着上部结构和下部结构，支撑连接部位一旦失效，就会破坏桥梁结构的整体性，原先的传力途径也将失效。严重的时候则会导致上、下部结构脱离，梁体坠落。要避免落梁破坏，在实际设计中，可采用以下做法：

设计时满足规范规定支撑连接部位的支撑面最小宽度；

在简支的相邻梁之间安装纵向约束装置。

2) 碰撞引起的破坏

在地震力的作用下，相邻构件间会产生非常大的撞击力，往往导致桥梁结构的破坏。有些碰撞可以设置足够的间距来避免，如相邻桥梁间；而有些却很难避免，如相邻跨上部结构间、上部结构与桥台之间，对于这种情况，我们可以在梁与梁之间、梁与桥台之间加类似于橡胶垫的弹性衬垫来减小撞击力。

3) 桥墩、桥台破坏

桥墩、桥台是桥梁的下部结构，支撑着上部结构。桥墩，桥台一旦遭到破坏，上部结构也将受到严重的破坏。在实际桥梁工程中，桥墩遭到破坏的情况比较少见，主要还是钢筋混凝土桥墩的破坏。主要有以下几种原因：

延性不足 主要是由于横向约束箍筋不足；

桥墩节点设计剪切强度不足 节点的配箍率过小，纵筋锚固长度不够；

墩柱的抗剪强度不足 横向约束箍筋配置不足；

构造缺陷 主要有箍筋间距过大、纵筋过早切断、纵筋和箍筋锚固长度过短、纵向钢筋焊接强度过小等，这些都降低了结构的强度和延性，以至于达不到预期的设计要求。

4) 基础破坏

基础破坏很难进行维修，因此在设计的时候应给予基础足够的强度，最大限度地防止基础的自身破坏。

为了使桥梁在地震中免于遭到破坏或降低桥梁在地震作用下的破坏程度，保障社会长治久安，保护国民的人身财产安全。我们可以从设计和加固两方面来采取相应的对策。首先是设计方面：由于目前的规范有一些不合理之处，所以必须对相应规范进行修改；利用减、隔震耗能技术来降低地震对桥梁的破坏；我们也可以采用一些构造措施。其次对于加固方面，目前比较常用的加固措施有加大截面加固法、粘贴钢板加固法、粘贴碳纤维增强塑料加固法等。

(2) 常见桥梁加固措施与对策

针对桥梁在地震中的震害类型，目前国内外桥梁抗震加固主要采取以下技术措施：

1) 加大截面加固法。增大截面加固法是在原结构基础上再浇筑一定厚度的钢筋混凝土，这是一种常用的钢筋混凝土桥加固改造技术。增大混凝土截面一般采用两种方式，一种是加厚桥面板；另一种是加大主梁梁肋的高度和宽度。该法施工工艺简单、适应性强，并具有成熟的设计和施工经验，适用于较小跨径的 T 梁桥或板桥的加固。采用此法加固后桥梁刚度明显提高，承载能力也能取得较好的效果。该法也有明显的缺点，比如混凝土构件的体积增大、自重增加、施工周期加长、施工空间大等。

2) 粘贴钢板加固法。以树脂粘接钢板与混凝土的结构加固法，被用于建筑、工厂、桥梁等土木工程中。该法施工快速、现场无湿作业或仅有抹灰等少量湿作业，对生产和生活影响小，且加固后对原结构外观和原有净空无显著影响，但加固效果在很大程度上取决于胶粘工艺与操作水平。适用于承受静力作用且处于正常湿度环境中的受弯或受拉构件的加固。

3) 粘贴碳纤维加固法。粘贴碳纤维加固技术的主要特点是：几乎不增加结构自重和截面尺寸，不改变净空高度，施工方便，对原结构几乎不会造成新的损伤，具有良好的耐腐蚀性、耐久性和抗疲劳性能。

4) 粘结外包型钢加固法，也称湿式外包钢加固法。该方法用乳胶水泥或环氧树脂化学灌浆等方法将角钢粘贴在柱四角，角钢之间焊以缀板相互连接。

5) 体外预应力加固法。体外预应力加固法是指对布置于承载结构主体之外的钢束张拉而产生预应力的后张法。

6) 喷混凝土加固法。喷混凝土加固法是在原有结构上喷涂一层高品质的混凝土，以恢复对钢筋的保护，提高混凝土强度，达到美观表面的功能，是目前常用的维修加固方法。

7) 凿除原有侧面混凝土，代之以高强度的混凝土。该法的优点与加大截面法相近，且加固后不影响建筑物的净空，但同样存在施工的湿作业时间长的缺点。适用于受压区混凝土强度偏低或有严重缺陷的梁、柱等混凝土承重构件的加固。

除此之外，常规加固方法还有增加辅助构件法、改变结构体系法、增大边梁法、截面转换法等。

第五章　生命线工程的灾害及减灾对策

　　城镇基础设施是保证城市人民生活和城镇机能正常运转的设施——生命线工程，主要是指那些对社会正常运行有影响的一系列公共服务基础设施系统，这些设施形成网络系统，对城镇居民的正常生活、经济活动起着重要的作用，如图5.1。根据C.M.Duke的定义，它一般包括四种系统：能源系统、给排水系统、交通系统和通信系统等几个物质、能量和信息传输系统。生命线工程一旦由于地震而遭到破坏，后果十分严重，将给城镇各项活动的正常运转带来极大的障碍，造成极大的经济损失及社会影响，轻者影响人民的

图 5.1　城镇生命线图例

第五章 生命线工程的灾害及减灾对策

20 世纪 80 年代以来各大地震带来的影响　　　表 5.1

发生年代	发生地点	带来的影响
1985	墨西哥墨西哥市	800 余处供水主干管线、400 余处煤气管网的中压管线破坏；引起了市区的火灾
1989	美国 Loma Prieta	高压电站严重破坏；140 用户断电；1000 余户城市供气系统出现漏气现象
1994	美国 Northridge	110 万用户断电；供水系统出现 1400 处破坏；供气系统出现 1500 万处的漏气现象
1999	中国台湾集集	台中地区交通中断；一大批桥梁、火车站破坏；517 万用户断电

正常生活和工业生产，重者会造成城镇的瘫痪，无法生存。因此，生命线工程是城镇防震减灾的重要组成部分。

生命线工程系统因地震灾害而导致严重功能损坏或破坏的事例很多，表 5.1 列举了一些实例来说明：

发生于 1995 年 1 月 17 日的日本阪神大地震，是近代发生在人口稠密地带的直下型地震，也是近代地震中的生命线工程系统破坏调查最为详尽的一次。直接经济损失达 1000 亿美元。地震中，交通系统遭到大面积破坏。地震区六条铁路线均遭到严重破坏，许多高架桥倒塌或部分倒塌。

2008 年 5 月 12 日的四川地震所造成的山体滑坡导致了公路等生命线的破坏（图 5.2）。

图 5.2　四川地震山体滑坡导致公路等生命线的破坏

生命线系统的运行强调系统性，所以在生命线防灾中一定要树立全局观念，将其纳入城镇安全系统中去规划和设置。

5.1 管线的破坏分析

管线工程是生命线工程的重要组成部分，犹如人的经脉血管，一旦遭到破坏，会给人们的正常生活造成极大不便，甚至会引发严重的次生灾害，严重威胁人民生命财产的安全。

在阪神大地震中，阪神供水局给水总管与配水管道共毁坏120处，破损率约为0.74处/km。许多管线破坏发生在沿河软弱地基中。

阪神大地震受灾统计状况　　　　　　　　　　　表5.2

死亡	断水	断电	电话不通
6432人	130万户	260万户	30万户

从以上数据可以看出，在自然灾害中，强烈地震是对生命线工程威胁最大的灾害。在一些场合，甚至在仅有部分结构发生轻度或中等程度的破坏时，整个生命线工程系统的功能也会受到大幅度削弱。所以生命线系统的防灾应包括两方面内容：在自然灾害和大的人为灾害面前，保障生命线系统的基本正常运作，尽量减少灾害损失，给救灾工作提供基础保证；尽量避免在灾害发生时，由于生命线系统的不安全因素而引起次生灾害。而针对不同的生命线系统，从防灾角度应采取不同的措施。

在神户淡路大地震中，神户、大阪两大都市的水、电、煤气、电话全部中断，煤气管网和电缆线的破坏引起的火灾，因供水管网的破坏无法供水救火，造成了巨大的损失。笔者在阪神地震发生2小时后抵达西宫车站考察时，发现因断水粪便得不到冲洗，厕所臭气熏天，无法使用。因此必须重视管线工程的抗震防灾问题。

第五章 生命线工程的灾害及减灾对策

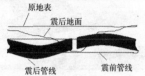

震害概要：地下管线的一部分暴露于土外，并且被拉断，周围出现砂土液化现象。

考察要点：记录管线的破坏情况，土体的塌陷位置与范围，拍摄管线破坏及周围土体塌陷状况的照片，为进一步详细判别提供依据。

破坏机理：淡路岛为人工填筑岛，强震在短时间内造成了砂土液化，管线周围土体的塌陷，从而造成地下管线的破坏，如图所示。

对策例：对埋于软弱土层的管线应设置柔性接头，增加抵御大变形的能力。

图 5.3 地下管线的拉伸破坏

震害概要：道路破坏严重，各处沉降不均。检查井附近尤其严重。据震后调查资料表明，阪神供水局给水总管与配水管道共毁坏 120 处，破损率约为 0.74 处/km。许多管线破坏发生在沿河软弱地基中。由震后总结分析可知，大部分管线破坏发生在直径相对较小的铸铁管中，并多系接头部分发生破坏。

考察要点：测量路面的破坏范围，检查竖直检查井的破坏情况。

破坏机理：原因可能是地震力作用下地下土体液化或施工时路基夯实不严，有的检查井处可能重新开挖过，在地震力作用下，路面产生不均匀沉降等。

对策例：修路时应注意路基的夯实情况；作好规划，尽量一次性铺设完全部管线，避免道路的重复开挖，必要时采取相应的工程措施。如果重新开挖，填埋后注意夯实路基，同时要注意加固路基与检查井的连接。

图 5.4 地下管线检查井与周围道路的破坏

震害概要：在地震力作用下，地下土体各部分受力不均，地下管线遭到严重破坏，路面开裂。检查井产生上浮现象，检查井周围路面开裂更为严重。

考察要点：测量路面开裂、检查井上浮路段与未破坏路段之间的高差，记录破坏路段的长度及位置。

破坏机理：在地震力作用下，地下土体受力不均，引起路面的开裂，检查井自重较轻，出现上浮现象，加大了开裂的程度。

对策例：尽量采用综合管廊来敷设管线，用这种方法来取代较传统的将管线直接埋入地下的方法可以避免重复开挖，同时便于管线维护。

实线表示震前检查及地下管道图，虚线表示震后。

图5.5　地下管线检查井上浮

震害概要：由于地表的破坏错动产生土体的沉降不均现象，使埋设于此处的管线与输电线被剪断。

考察要点：检查周围土体的破坏情况，管线的破坏数目，以及了解本段管线破坏对周围管线的影响。

破坏机理：由于地表的破坏错动，使输电管线被切断。

对策例：在选择管线敷设路线时，应注意所选线路的工程地质条件；注意在管线接头处应尽量采用柔性连接来增加管线的抗震性能；另外管线的敷设最好采用抗震性能较好的综合管廊的形式。

图5.6　管线被剪断

第五章 生命线工程的灾害及减灾对策

震害概要：在地震力的作用下，由于塔架的破坏导致了冷却塔的倾覆。左图为倒塌的冷却塔。

考察要点：检查冷却塔破坏的首要原因，对管线的影响，以及周围管线的破坏情况。

破坏机理：由于塔架部件强度不够，头重脚轻，抗扭强度不够造成塔架的破坏，从而造成冷却塔的倾覆。

对策例：加强塔架的抗震设计，如增加塔架的强度，在原有塔架上增加钢板来提高抗扭性能等。

图 5.7 冷却塔的破坏

震害概要：管线埋设于柱中，节省空间，但大大降低了柱子的有效承载面积。在地震中柱子很容易丧失承载力而告破坏，如图，柱子从中间折断，钢筋外露，埋于其中的管线也被扯裂破坏。

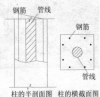

·**考察要点**：统计内埋管线的柱子的破坏数量，附近居民楼的受影响情况。

破坏机理：柱子内埋设管线（给水、排水、电、煤气、电话）等，虽然节省了空间，但大大降低了柱子的有效承载截面积，造成破坏。

对策例：在设计阶段应做好抗震设计工作，另外建议管线不要埋设于柱内，采取有效合理的埋设方式，或至少应增加柱子的横截面积。

图 5.8 柱中管线的破坏

震害概要：紧靠路边的房屋与院墙倒塌，砸向路边的电线杆，因为是木结构房屋，压力不是特别大，导致电线杆倾斜而未完全倒掉，但扯断了电线。正是由于电线杆的支撑，使许多房屋避免了彻底的倒塌被夷为平地的厄运，使房屋中的人有机会逃生。

震后电线被拉断

考察要点：检查房屋的破坏情况，电线所在线路的破坏情况，并作记录。

破坏机理：由于地震力的作用，抗震性能差的房屋倒塌，压向路边电线杆，导致电缆线的断裂。

对策例：增加周边房屋的抗震性能，如砌体墙壁应采取措施减少对主体结构不利影响，并设置拉结筋、水平系梁、圈梁、构造柱等与主体结构可靠连接。

图 5.9 电线杆的破坏

震害概要：在地震后，有相当一部分电缆线遭到破坏。电缆线被扯断，电线杆被压倒。在阪神地震中，有 100 万用户断电，修复工作持续六天。电力系统的破坏主要集中在 275kV 变电站和 77kV 变电站（共 48 处），直接经济损失达 550 亿日元。配电线路损坏 446 个回路，损失达 960 亿日元。火力发电厂有 10 处破坏，损失额达 350 亿日元。

考察要点：统计破坏线路，被破坏的电站、发电厂等，以及对居民生活造成的影响。

破坏机理：破坏原因有以下几种：由于地震作用导致电缆支架的破坏，从而引起电缆的破坏；周围房屋等建筑物、构筑物倒塌导致电缆支架的破坏；地震力作用下，电缆线被拉断，地下电缆线由于周围土体的破坏而造成破坏。

对策例：加强电厂、变电站的抗震能力，做好电力系统的应急预案，提高灾后供电系统的恢复能力。

图 5.10 输电线路的破坏

5.2 管线的防灾减灾对策

（1）管线破坏小结

结合以上阪神地震中生命线破坏的照片分析，管线的破坏原因有以下三类。管线的破坏原因首先是管道自身的性质引起的，包括材料、管径、接头处焊缝、干管与支管的连接处等等。除管道自身性质外，地震引起的地下管道破坏的原因可分为两类：由周围场地破坏造成的破坏和强烈地震波传播造成的破坏。在土中约束很好的地下管道对地震位移非常敏感，场地破坏有：大地的构造性运动，如断层、地壳构造性上升或下沉；砂土液化、土的侧向移位、土体被震密及地裂缝。管道的地震反应及其破坏特点取决于管道走向与地震波传播方向的夹角。当管道走向与地震作用方向吻合的情况下损坏最大（首先是地下管道破坏）。当地下管道纵轴（甚至大口径）与地震作用方向垂直时，损坏是不明显的。

地下管道通常由管段和管道附件（弯头、三通和阀门等）组成。地震时一般有三种基本破坏类型：管道接口破坏、管段破坏、管道附件与其他地下结构连接的破坏。其中一般以管道接口或接头破坏居多。地上管道最常见的破坏是混凝土支架破坏，出现管道从管架上滑落的情况，这种损坏一般是最严重的，修复需要很长时间。地上管网的破坏因素有二：管道支架的过大变形而造成的管道破坏，如管道直接放置在房屋墙壁上，因墙体倒塌造成的管道破坏即属此类；管道与管道支架连接不牢造成的管道破坏。

（2）结合以上破坏原因，总结管线防灾对策如下：

1）从管线材料及连接形式上考虑。管线材料应尽量选用抗震性能好的材料，如钢管和塑料管，而应淘汰掉易破坏的铸铁管等；在接口连接处应采用柔性接头。

2）从管道敷设选址角度来看。应尽量避免选择湿软地基，而应选择坚硬地段，如果不得不选择此类地基，施工时应进行处理。

3）从敷设方式上来考虑。安置在地沟内的管道震害最轻，直接埋在土里的次之,架空管道的破坏率较高,大多是由于支承管架、管桥破坏以及邻近建筑物的倒塌所致。

4) 注意埋地管线抗震的薄弱部位的处理：接头处,出入地面处,与阀门、管线、设备及构筑物连接的部位以及软硬土交界的部位。另外,埋地直线管道的破坏主要由轴向变形过大所致。

随着城镇发展地下管线日趋繁复,传统的各自独立的市政管线体系造成各种管线无序地争夺有限的地下空间,埋深不一,检修不便,供应能力受到干扰,路面反复开挖影响了道路通行功能的发挥。为此,现代管线工程的发展方向是综合管廊的应用与发展。

另外,还应加强城镇管线的管理。在管理方面,最前沿的技术是对综合管廊进行信息化管理,如在管道出入口装设传感器和探测器,管线的运行状况由传感器实时监视,各种情况即时反映在主控室。而且综合管廊中装有很多抽水泵和排水系统。一旦水管发生泄漏或出现其他事故,综合管廊的抽水泵或排气系统会自动启动。综合管廊内的照明措施也非常完备,沟内的光线亮度足以满足检修的要求,燃气管道及照明灯具都是防爆的。各种管道设置均采取了防地震措施,管道采用柔性接口,管道固定有一定的震动余量。

5.3 公路的破坏分析

随着国家加快交通基础设施建设战略的实施,我国的公路建设特别是高速公路建设已进入一个高速发展时期,截止到2005年底,我国公路通车总里程达192万多公里,其中高速公路达到4.1万公里,仅次于美国,居世界第二位。公路的改善,给人民生活带来了很大的便利,有效地促进了国民经济的发展。然而地震、滑坡、水灾等却给公路的正常通行能力带来了很大的负面影响。其中地震对公路的破坏影响最严重。在阪神大地震中,地震区六条铁路线均遭到严重破坏,许多高架桥倒塌或部分倒塌。阪神高速公路神户线共有611个桥墩在地震中遭到破坏,破坏率达52%,约150个已不可修复,重建率达13%。因公路桥梁部分在第四章专门讲解,本节只分析公路

第五章 生命线工程的灾害及减灾对策

震害概要：周围道路基本完好，只路中一小块区域隆起，路面开裂严重。

考察要点：观察道路破坏情况，周围农田中地裂缝及断层的破坏形态。

破坏机理：周围有断层穿过，造成路面的隆起。

对策例：在修建时应按规范要求选址，尽量排除掉古河道、危险活动带、易发生滑坡等不符合工程地质条件的地段。

图 5.11 公路路面的隆起

震害概要：公路路面出现裂缝、上下高差和错位。不远处有高楼倒塌，导致此路段被隔断，失去通行能力。

考察要点：考察路段破坏范围、路段通行能力，是否对地下管线有影响。

破坏机理：破坏原因是地震力引起的地裂缝或者该处地基土体有断层穿过。

对策例：同方向的路段应设有紧急疏散道路，以提高交通恢复能力。

图 5.12 不均匀沉降引起的公路路面破坏

震害概要：道路周围住宅地坪面未破坏，但紧贴附近居民楼的路面产生沉降，并有较大裂缝产生。在两种构筑物地基连接处，易出现沉降不均现象。

考察要点：测量路面沉降高度，分析两种地基类型。

破坏机理：地下土体在地震力作用下产生砂土液化，或路基夯实不严造成土体震陷。地下重新开挖埋设市政管线，由于施工质量等问题，容易产生震后的不均匀土体沉降。

对策例：加固路基，减少不均匀沉降。路基的加固方法有换填土层法、挤密法、化学加固法和排水加固法。

图 5.13　路面沉降

震害概要：外观表现为公路路面的塌陷，出现很大的坑洞，路面有很多交错纵横的深裂缝。

考察要点：观察公路的塌陷情况，周围农田土地的破坏，综合起来分析破坏原因。测量破坏路段的长度。

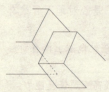

破坏机理：破坏原因是公路周边农田中有大断层穿过。

对策例：公路建设按规范选址，避免选择古河道、危险活动带、滑坡易发生地等不符合工程地质条件的地段。

图 5.14　公路和震陷

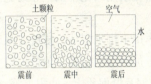

震害概要：土壤液化产生路面塌陷，喷砂冒水现象。喷砂冒水处路面有震陷坑洞，路面有许多液化时留下的砂土喷出物。

考察要点：观察路面塌陷范围，喷砂冒水情况。对喷出土体进行取样。

破坏机理：饱和土体，在地震力作用下，会引起土中孔隙水压力分布情况的改变，渗流水头场的改变，当土中孔隙水压力超过上覆土体自重时，有效应力降低导致土体下沉等现象，即表现为喷砂冒水现象。

对策例：尽量使路基下土体含水量减少，例如设置排水沟，软土地基情况下可使用真空预压法排水加固。在道路选址时尽量避免选择饱和状态疏松粉、细砂或粉土，软弱黏性土等在强震下易发生破坏的地基土。

图 5.15　喷砂冒水

5.4　公路抗震防灾措施对策

（1）阪神地震公路破坏原因分析

结合本节震害图片分析知，在地震力作用下公路路面破坏原因大致有三：地震产生地裂缝，地基土被震密、固结导致路面不均匀沉降；地基土体在地震动效应下液化，承载力丧失，土体体积减缩，产生喷砂冒水现象，导致路面塌陷和裂缝的产生；路基附近断层的影响。

（2）抗震加固措施

目前加固主要方法有换填土层法、挤密法、化学加固法和排水加固法。

换填土层法，是将路基底下一定范围内的软土层挖去或挤去，换以强度较大的砂、碎（砾）石、灰土或素土及其他性能稳定、无侵蚀性土类,并予以压实。此法主要用于施工中,低洼区域填筑、高填方路基、以及挡土墙、涵洞地基处理等。

挤密法是以增大软土地基的密实度的方法加固地基。可分为3类:1)压护道法和堆土预压法;2)重锤夯实法;3)深层拌和法。

化学加固法是利用化学溶液或胶结剂,采用压力灌注或搅拌混合等措施,使土颗粒胶结起来,达到对软土地基加固的目的,又称胶结法。此法的加固效果取决于土的性质和所用的化学剂,亦与施工工艺有关。

排水固结法是利用饱和软土在荷载作用下排水固结,使抗剪强度得到提高,以达到加固的目的。常用于加固湿软地基,包括天然沉积层和人工冲填的土层,如沼泽土、淤泥及淤泥质土、冲积土等。

经过处理,提高软基强度、降低软土的压缩性、减少基础不均匀沉降。可采用设置竖向排水沟的方法防止疏松粉、细砂或粉土等在强震下产生砂土液化现象。另外在公路施工时,应注意规范操作,符合要求。

第六章 次生灾害及其他灾害形式

通常大的灾害过程都是比较复杂的，并且常常会诱发出一连串的其他灾害，这种现象叫灾害连发性或灾害链。灾害链中最早发生的、起主导作用的灾害称为原生灾害；由原生灾害诱发的其他灾害称为次生灾害。

在各种灾害链中，通常以地震导致的灾害链最为严重，不仅地震本身的破坏力巨大，其诱发的次生灾害造成的损失有时比由地震直接导致的灾害造成的损失还大。

以地震为例，国际上把地震灾害划分为一次灾害、二次灾害和三次灾害。一次灾害是指由地震原生现象如地震断层错动、地震波引起的强烈地面震动所造成的灾害，也叫直接灾害；二次灾害是指由一次灾害诱发的大火、爆炸等灾害；三次灾害是指由一二次灾害引起的社会混乱、心理恐慌等问题。二次和三次灾害又统称为次生灾害。地震中的次生灾害主要包括火灾、海啸、滑坡、水荒、毒气泄漏和瘟疫等。

就次生灾害来看，局部特定构、建筑物范围的防灾减灾所采取的措施是综合防灾减灾；但是如果城市在大规模的范围内发生灾害，局部的综合防灾减灾措施很可能不适应，这时多灾种防灾减灾系统就可以发挥优势。

6.1 城市火灾

火灾的发生存在着地区差异性，比如：在民用建筑、地下结构、高层建筑以及工矿企业，这几种火灾情况是不同的，无论机理、持续时间和后果均有显著差异。

随着我国经济的高速发展，火灾发生得较多，火灾的损失总体呈上升趋势，如图 6.1 所示。20 世纪 80 年代初，全国每年火灾造

图 6.1 城市中的火灾现象

成的直接经济损失达 3 亿元。近年来,火灾规模、次数与损失持续上升,尤其在公共场所发生的火灾损失更为严重:1994 年克拉玛依"12·8"友谊宾馆大火造成 228 名儿童死亡;1997 年北京东方化工厂"6·28"爆炸灾害死伤 10 余人。

现代城市灾害表现出以下几个主要特征:

(1) 多层民用住宅的居民家庭火灾有增多趋势,现代城市居民小区建筑群规模大、使用功能复杂、管理松散,火灾隐患多,容易发生火灾。

(2) 高层建筑火灾的特征明显,高层建筑的电梯井、电缆井、管道井等各种竖向通道直接造成火情和烟气扩散,火势蔓延快,传播途径多,疏散困难,易造成重大事故。

(3) 地下结构火灾的危害性加大,对于地下结构,比地面建筑有着更好的防灾能力,但对于正常使用状态下,内部突发火灾,却更具危害性:空间相对狭小;人员出入口、通风口数量有限;自然通风条件差,依靠机械设备组织通风,火灾下可能停止工作;难以天然采光,依靠人工照明,火灾时能见度大大降低,给逃生造成困难。地下结构火灾另一显著特点是烟气危害大。

(4) 工矿企业火灾仍不容忽视,工矿企业空间狭窄通风不好,可燃物堆放易造成火灾,尤其对位于城市周边地区的工矿企业,其影响更大。

灾害现象:1995 年阪神大地震中神户地区的大量建筑发生火灾,共发生约 419 起大火,7400 栋房屋因火灾而毁坏,图中建筑物是在地震中发生火灾后的废墟。地震中,房屋倒塌可导致电线起火而诱发火灾,易燃物发生爆炸也可导致火灾。

考察要点:图中发生火灾地点属于人口密集程度较高的地方,周围民用建筑物也相对比较密集。同时该地区附近建筑物中有不少是木结构或砖混结构,易发生火灾。

破坏机理:地震引起电器、电线、电缆等起火,进而造成房屋着火,由于建筑物间距小,火势容易蔓延。

对策例:建筑物设计时尽量少采用易燃的材料,并且各建筑物之间保持安全防火间距,避免火灾在各建筑间蔓延。

图 6.2 多层民用建筑火灾

灾害现象：福州市某加工厂失火，大火迅速蔓延，导致厂房着火；当建筑物发生火灾后，周围产生的高温，影响了建筑物的承载能力。

考察要点：大跨建筑物支撑屋顶的结构形式，火灾源及蔓延方式。

破坏机理：火灾产生高温，对于钢结构建筑，温度升高后局部钢结构强度下降，结构失稳破坏。

对策例：易燃的原料应该单独存放处理，远离起火源头。

图 6.3　工矿企业火灾

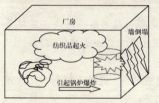

灾害现象：大型纺织厂某厂房内存放着大量的棉纺制品，不慎起火后，引发厂里4个锅炉接连爆炸，爆炸冲击波毁坏了厂房墙体。

考察要点：爆炸源，及影响范围的确定。

破坏机理：爆炸冲击带有一定的方向性，大部分爆炸能量的释放，对建筑物造成巨大破坏。

对策例：对特殊构筑物，应从建筑物的质量等级以及不同层次安全措施的设置等多方面，保证灾害发生时相应设施对临近建筑结构的影响。

图 6.4　火灾中的爆炸

6.2 地质灾害——滑坡

在地震中或大规模降雨后,滑坡灾害发生的机率较大,灾害表现形式多样。人工边坡或天然斜坡在一定的地质条件下,受地震洪水等的作用,岩(土)体的力学平衡受破坏,从而发生滑坡。

地震引起滑坡

灾害现象:1995年阪神大地震中神户地区的不少地区发生地质灾害,比如路基滑坡,导致主要交通路线无法正常运行。

考察要点:该公路沿河而建,在靠近河岸处的路基发生滑坡。

破坏机理:在地震作用下,路基部分回填土软化,发生蠕变导致抗剪强度下降,进而导致滑坡发生。

对策例:在施工时要夯实回填土部分,对于沿河公路可能存在的含水量过高问题,应当做好路基的渗透防护。

图 6.5 公路路基滑坡

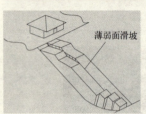

灾害现象：1995年阪神大地震中神户市的不少地区出现滑坡现象，左图是典型的基岩发生滑坡现象。地震时地基岩体沿薄弱面形成滑坡。

考察要点：该房屋位于斜坡处，地震中地基岩体发生滑坡。

破坏机理：在地震波的作用下，由于桩基将上部结构的受力传至岩体，超过岩体承载强度，岩体沿薄弱面发生滑动。

对策例：施工时要避免在结构不稳定的岩体上构筑基础。

图 6.6 岩体滑坡

6.3 城市水灾

暴雨洪灾对城镇的压力日趋严峻，国内外大城市暴雨水灾事件频繁发生（如图6.7、图6.8），使得城镇水灾成为全世界关注的焦点。暴雨洪涝灾害的危害性也加大，随着城市人口、资产密

图 6.7 洪水袭击城市

图 6.8 洪水过后的灾民

度提高,同等淹没情况下损失增加;城市空间立体开发,一旦洪涝发生,不仅各种地下设施极易遭到破坏,高层建筑由于交通、供水、供气、供电等系统的瘫痪,损失亦在所难免;随着城市在经济贸易活动中的中枢作用加强,一旦遭受洪水袭击,损失影响范围远远超出受淹范围,间接损失甚至会超过直接损失。

城市作为流域内一个点,范围小,涉及面广,防洪标准要求较乡村高,由于城市所在具体位置不同,防洪特性各异:

(1)沿河流兴建的城市,主要受河流洪水如暴雨洪水、融雪洪水、冰凌洪水以及溃坝洪水的威胁。

(2)地势低平有堤围防护的城市,除河、湖洪水外,还有市区暴雨洪水与洪涝灾害的影响。

(3)位居海滨或河口的城市,有潮汐、风暴潮、地震海啸、河口洪水等产生的增水问题。

(4)依山傍水的城市,除河流洪水外,还有山洪、山体滑坡或泥石流等危害。

灾害现象:2005年8月底,"卡特里娜"飓风在美国南部墨西哥湾沿岸地区登陆。由飓风带来的强降雨引发的水灾淹没了新奥尔良的大片城区。左图中,在广阔的狭长地带,洪水淹没了低洼地区,没过了屋顶,使美国最有魅力的城市之一陷入一片汪洋。

破坏机理:新奥尔良呈碗状下凹地形,平均海拔在海平面以下,城市周围的防洪堤在飓风中发生决口,导致大部分市区被洪水淹没。

对策例:建立健全灾前预警机制,以便灾害发生时迅速反应,修建更多防洪堤坝,限制流入河道和沟渠的水量;修建一个作为防洪用途的围墙,防治洪水泛滥。

图6.9 飓风引发水灾

灾害现象：韩国2001年3月至6月，降雨量只有常年的30%，而在接近90年不遇特大干旱之后接踵而来的，却是袭击首都首尔及其周边地区，自1964年以来最猛烈的暴雨洪水。7月14日晚至15日晨8小时总降雨量达到了310mm。图中街道上的车辆横七竖八浸泡在水中，许多建筑物也被淹没。

破坏机理：特大暴雨造成大面积积水，河流以及市内排水设施不足以在短时间内承受如此大的降雨量，导致了这种灾害现象的产生。

对策例：完善城市防涝体系，修筑或加高河堤，提高城市自身消化城区雨水的能力。按照更高的标准来修建新的防洪工程。

图6.10　2001年韩国特大暴雨

灾害现象：2001年7月韩国的大面积暴雨，引发了水位上涨，洪水肆虐，导致了经济的巨大损失，人员伤亡以及数条铁路线的停运。图中铁路桥被冲毁，火车倒在水中。

破坏机理：暴雨造成洪水猛烈冲击铁路桥，导致桥梁的坍塌和铁路的停运。

对策例：定期对桥梁进行检测，必要时进行加固。各铁路的运营可以根据暴雨预警情况来及时做出调整。另外，及时疏通河道，增加其对暴雨的消化能力。

图6.11　被水冲毁的铁路桥

灾害现象：韩国暴雨引发了一系列的灾难。洪水迫使首尔七条地铁中的三条中断运行。图中的地铁路线因进水被关闭，人们正在对此进行应急处理。

破坏机理：城市排水系统不适应短时间暴雨的降雨量，再加上地铁出入口处没有合适的防洪措施，暴雨引发的洪水没过地铁出入口导致了大量进水。

对策例：地铁公司应在地铁车站出入口做好防洪工作，比如，可以事先准备挡水板和沙袋，防止雨水流入地铁站内。另外，可以在设计地铁站的时候在入口处设计几个台阶，这样可以提高地铁的防洪能力。

图 6.12　地铁进水

灾害现象：2006年7月，热带风暴"碧利斯"带来一场史上未曾有过的大暴雨，让广西南宁成了"东方威尼斯"，并造成了广西南宁五千多万元的财产损失。图中立交桥底下水深至腰部，不少经过的车辆熄火停在水中。

破坏机理：由于这次大暴雨持续时间长，雨量大，远远超过排水设计值，导致市区排水管道排水不及时而引发内涝。

对策例：对渠道、排水沟渠进行清淤；增强内河排水能力；增加路面的渗水能力。

图 6.13　立交桥下排水不畅

6.4 村镇多灾种减灾

防灾减灾是一项涉及多学科多部门的事业。计划经济体制下形成的按部门制定的分部门、分灾种的单一灾害管理模式,一类灾害由一个部门管理,造成村镇缺乏统一有力的应急管理指挥体系。表面看各尽其职的管理体系在面对群灾齐发的复杂局面时,既不能形成对极端事件的统一应对,也不能及时有效的配置分散在各部门的救灾资源,造成"养兵千日",却不能"用兵一时"的被动局面。各种应急力量难以及时协调地按要求到位,因综合协调能力不力而导致政策不一,步调不齐,甚至出现部门之间互相推诿或重复撞车。

一个全面安全的村镇,主要体现在安全防灾、治安、环保、人防等多位一体的大安全上,使村镇各大系统时刻处于安全状态监控之中。建立市级政府指导下的城市安全综合指挥管理中心,制定村镇安全综合管理制度,实现快速反应、统一行为、井然有序、迅速控制局势,化解各类突发性灾难的危险状态。

加强我国的应急机制,建立各种不同紧急事件的处理预案。改变计划经济体制下形成的分部门、分灾种的单一灾害预警和应急管理模式。研究如何整合社会资源,建立"信息畅通、反应快捷、指挥有力、责任明确"的处理公共安全重大突发事件应急处理机制,从被动性减灾向主动性减灾转化,加强减灾投入意识和行为,研究如何加大安全文化建设的投入和大安全观的确立,如何将安全文化与精神文明建设与提高民族科学文化素质相结合。公众的应急能力直接关系到灾害中公众自身和他人生命、财产的保护能力。具有较高灾害素质的民众不仅是防灾的主体,更是减灾的主体。从村镇社区抓起,建立以市级为单位的城市灾害管理和救援体系,制定科学的应对村镇多种重大灾害事件的应急预案,强化村镇重大灾害源的管理,在关注以往已发生的自然灾害和人为灾害的同时,也要重视应对城市信息灾害、生物生化恐怖袭击和战争、城市经济恐慌等新

第六章　次生灾害及其他灾害形式

的灾害源，把环境科学和安全减灾科学融为一体。重点要放在多灾种综合预警和应急模式的研究和建立上。

利用防灾减灾已有的工程技术成果，研究人类面临的各种灾情和警情。首先要解决人为灾害和自然灾害的多灾种数据源、多尺度数据的融合和整合问题，构成灾害事故预警系统，拟定多灾种灾情指标体系，以此作为多灾种综合预警与应急模式研究和建立的基础。综合运用工程技术成果及法律、经济、教育等手段，防灾减灾在过去概括的"测、报、防、抗、救、援"六个方面的基础上，进一步认识到防灾减灾是一项复杂的自然与社会、技术与经济的系统工程，从偏重科学行为的防灾减灾变成科学行为与社会行为并重的防灾减灾，全面提高城市的灾害应急管理能力。

第七章 震后应急救援与恢复重建

随着城镇复杂化的加深,城镇的各项机能日益完善,人们生活更加便利,但密集的高楼大厦、错综复杂的生命线工程,分布广泛的通信、金融、交通运输网络等也使得城市在受灾后损失惨重(如图 7.1 所示),而且极易发生次生灾害。在这样的条件下,灾后应急救援与灾后快速恢复重建,对于最大程度地减少城市灾害损失,具有重要的意义。

7.1 震后的主要特征概述

(1)交通设施的破坏

随着城市的发展,大城市的交通向立体化的交通网方向发展,造型优美的大型立交桥随处可见。不仅如此,为节省用地,合理利用城市空间,桥梁成为一种极其有效的形式。但同时也带来了许多问题,灾害来临时,这些新型交通设施往往成为主要破坏对象,导致交通中断,使得救灾活动无法顺利开展,灾害更加严重。

图 7.1 火灾发生导致的损失

由于地震的破坏造成大量房屋倒塌，路面开裂，瓦砾堆积，桥梁变形及破坏，同时又由于来往车辆的无序行驶，使某些公路、铁路等公共交通陷入瘫痪，交通长时间的拥挤和堵塞，救援人员、车辆无法及时赶往受灾地区进行救援，伤病人员得不到及时的救助。图 7.2、图 7.3 为日本阪神大地震发生后 1 小时大阪至神户的交通堵塞状况，众多急救车也无法行进。

（2）生命线破坏

生命线易在受灾时遭到破坏，水、电、气、通信等系统都会出现不同程度的瘫痪，给人们的生活造成极大的不便，水管、燃气管、电线断裂，使整个灾区停水、停电、停气，而通信管线的断裂使灾区与外界的信息联系被切断，人们只能利用有限的公共通信系统与外界联系，如图 7.4、图 7.5 所示。

图 7.2　震后严重的交通堵塞

图 7.3　许多救援车辆无法及时赶到现场

图 7.4　大量灾民排队等候使用公用电话

图 7.5　等候使用公用电话

(3) 物资短缺

由于交通系统的瘫痪，导致交通堵塞，阪神地震后最初一段时间内，许多物资无法运往灾区，同时因为人们的恐慌心理，出现了抢购潮，超市中一些日常生活品已卖空，批发市场中的商品也出现短缺现象，食品供应跟不上，如图7.6、图7.7所示。

(4) 居住设施遭到严重破坏

灾害后，城市瘫痪，人们基本生活无法得到保证。大量房屋倒塌破坏，许多人流离失所、无家可归，只能露宿街头，同时一些日常生活也被打乱，洗衣、做饭等都只能在露天进行，人们的基本住宿设施遭到严重破坏，如图7.8、图7.9。

图7.6 某超市生活必需品短缺

图7.7 批发市场货品不全

图7.8 家园被破坏，人们无处居住

图7.9 震后日常生活被打乱

图 7.10　未能及时清理的垃圾堆堵塞道路　　图 7.11　路边垃圾堆积如山

(5) 垃圾成堆

交通的瘫痪不仅造成救灾物资送不进来，同时也使灾区内的垃圾无法得到及时清理，市内垃圾成堆，放在路边，不仅影响美观，阻碍交通，而且蚊蝇大量滋生，极易造成灾后大规模流行性疾病的爆发，如图 7.10、图 7.11。

7.2　应急救援及恢复重建中的主要问题及对策

应急救援及恢复重建中的重要问题概括可分为以下几个方面：

(1) 信息传递畅通

灾害的发生往往会使通信中断，造成信息不充分、紧急救助人员与车辆不足、交通阻塞、关于灾害的情报欠缺等情况，严重影响救灾工作的顺利进行。为保证救援工作顺利开展，在灾难发生后，要建立受灾信息收集、传递部门，为各个方面救援工作的开展提供资料参考，帮助协调各部门的活动，以使整个救援工作能及时、高效地进行。

阪神地震后，日本从国家到地方各级政府立即成立不同层次的地震临时对策本部，用来收集统计地震中的灾害情况，并将受灾情况传递给政府有关部门进行统计记录，统计后的信息可作为国家制定地震灾害预防措施及救灾措施的参考资料。同时对策本部还负责将受灾信息传递给各级救灾部门，使其统筹安排，合理进行救灾工作，如图 7.12 所示。

图 7.12　震后成立临时对策本部

图 7.13　通信系统瘫痪后所设立的临时联络处

另外，由于震区中的生命线工程及通信线路都遭到破坏，震区内人们无法通过现代通信设施进行联系。震后最初一段时间，采用临时联络处仍然是一种有效的联系方法（图 7.13）。

神户地震后，各地打往灾区的电话剧增，导致线路负荷过大，通信不畅。此外日本自卫队与地方沟通不畅，出动较迟，也是造成灾害扩大化的原因之一。

（2）建筑物的状态评估与鉴定

地震灾害后，许多建筑物都或多或少遭到破坏，临时对策本部负责收集建筑破坏信息，信息经汇总、处理后，被及时张贴出来，对于一些破坏严重不能继续使用的房屋，在其大门处贴有红色标识牌以警示人们不要进入，而对于破坏程度不大，仍可使用，或经过小的修复仍可使用的房屋，在其门外贴有绿色告示，以标示此处为安全区域。对于某些大面积破坏的地区，红色警示被贴于该地区周围以警示人们不能进入。

这样的标识有助于了解每栋建筑及每个区域的破坏程度，对程度不同的建筑采取不同的补救措施，合理分配救援资源及时间，使恢复重建工作快速而高效的进行，而且标识牌可以提醒人们注意避开破坏严重的建筑和区域，禁止人们在这些地区范围内活动，以避免因灾后不必要的伤亡和损失而导致增加救援、重建工作的工作量，如图 7.14～图 7.16 所示。

第七章 震后应急救援与恢复重建

图 7.14 红色警告牌

图 7.15 绿色告示

图 7.16 警示区域，告诫人们不准进入

(3) 交通的畅通

灾后的交通堵塞，是救灾救援工作中的一大障碍，不仅伤员得不到及时的救助，受灾情况得不到及时处理，而且在很大程度上延误了救灾的最好时机，使救灾工作无法顺利进行。交通堵塞是城市各种灾害发生后极易出现的现象，一方面由于在灾害过程中，交通设施包括公路、铁路、桥梁等容易发生破坏而无法通行，临街建、构筑物倒塌而导致瓦砾堆积，堵塞道路。另一方面进出灾区的车辆会突然增多，特别是离开灾区的车辆由于紧张会不顾交通规则而堵住进入灾区的通道，使救援车辆等无法进入。对于这种情况，可以在修建公路时设置灾时特别通道，平时可允许各种车辆通行，但在灾害发生后，只允许救援、救护车辆使用，避免因交通堵塞而延误救灾活动的进行。

(4) 生命线的快速恢复

水、电、气系统由于很多都埋入地下，在灾害发生时极易遭到破坏，而无论是灾区人们的生活保障需要，还是救援活动的正常开展，都要依赖于生命线系统的正常运行，所以灾后快速恢复生命线系统的性能，也是救灾工作的一个十分重要的方面。

灾后，需要对各类物流进行科学控制，而道路因被破坏、抢修与特殊管制，其格局不但不同于灾前而且仍在不停地变化。在这种情况下，减灾管理对各类物流的控制就能在很大程度上影响到救灾的系统总体效益。比如在生命线工程的维修力量不足以同时抢修所有受破坏的工程部位时，有必要从次序关系上系统地安排抢修工作。只有这样统筹规划、合理配置，生命线工程的修复工作才能达到及时、高效的修复目的。

（5）政府救助活动的开展

政府的救助活动在救灾活动中占有很重要的作用。一方面政府可以协调物资供应，向灾区提供经济供应，以满足灾区人民生活需要，安定市民情绪，稳定社会秩序。另一方面，政府可以征用公共设施或建筑作为救灾中心或避难所，使救援工作更顺利进行。

阪神大地震给受灾地区带来了极大的破坏，交通、通信、水电、住宅等一切与人们生活息息相关的设施都遭到了毁灭性的打击，整座城市几近瘫痪。灾后，日本政府积极采取应急救援措施，迅速开展了灾区的恢复重建工作，为受灾群众提供一系列服务。

由于地震破坏了城市的生命线设施，并导致了公共交通系统的阻塞，导致人们日常生活所需的物品短缺，临时水源及物资供应将大大缓解这一现象，如图7.17、图7.18所示。

针对不同的受灾情况，政府采取一系列的措施保证人民的正常生活。对于无家可归的受灾群众，政府为其搭建临时房屋，

图7.17　大量灾民等候领取救灾物资

第七章 震后应急救援与恢复重建

提供临时避难所,以满足人们基本生活要求。为保证人们生活的便利,在某些地区搭建简易临时超市,方便人们购买日常所需物品。而由于水管断裂,灾区内无法供水,卫生间无法使用,为保证城市的公共卫生安全,政府在许多公共建筑外都设立了临时的免冲洗的厕所,既为人们提供了方便又解决了因无法及时清理而导致的卫生问题,减少了大规模传染病爆发的可能性,保证人们正常生活及身体健康,如图7.19~图7.22所示。

(6) 灾区重建工作的推进

灾后应积极采取措施,在较短的时间内对一些堆放的垃圾以及建筑废墟进行清理,以避免建筑物在强度破坏的条件下进一步发生断裂、倒塌等现象,造成更大的损失。同时由于

图7.18 水荒的爆发使人们只能排队领水

图7.19 简易可移动临时房屋

图7.20 政府征用某些公共建筑作为避难所

101

图7.21 帐篷搭建的临时超市

图7.22 公共建筑外的临时厕所

高楼、桥梁等大型建筑的倒塌而产生的废墟,往往阻塞交通,为保证交通的顺畅,救援车辆能及时到达,后续救援工作能顺利进行,应及时处理这些大型的建筑废墟,见图7.23、图7.24。

大堆垃圾堆积在道路上,既不卫生又影响交通,应及时将其清理掉,以避免震后传染病的流行。地震后,许多公路桥遭到破坏,特别是混凝土桥梁,破坏尤为严重,许多都无法继续使用,同时,桥梁的坍塌影响着交通运输工作,一方面,桥上已不能通行;另一方面,其倒塌的废墟会堵塞交通,所以应及时对桥梁废墟进行处理。因楼房的强度破坏可能会引起更大的损失,且大量的建筑废墟会堵塞交通,所以对于房屋破坏的废墟也应及时处理。

第七章 震后应急救援与恢复重建

图 7.23 震后及时处理建筑废墟

图 7.24 处理倒塌的桥梁

7.3 完善防灾应急体制与减轻灾害

我国是一个自然灾害多发的国家，洪涝、山体滑坡、地震等自然灾害每年都有不同程度的发生。因此，我国政府一直重视防灾减灾工作，并采取了一系列重大措施。近年来，我国进一步完善了民政部门灾情报告制度，可在 2 小时内完成从地方到中央的灾情报告；建立了 24 小时灾情监测系统，每天不间断地有一个值班室对全国的灾情进行扫描；此外，我国还建立了灾情预警系统。在逐步健全国家灾情监测系统的同时，我国有关方面还加紧推进救灾应急预案的制定工作。据统计，截至 2004 年底，全国各省、自治区、直辖市都制订了相应的救灾预案，大多数的市、县也出台了有关方案，山东、重庆、湖南和陕西等地还举办了水灾、地质灾害等方面的预案演练活动,从而检验了预案的质量,提高了应急准备、指挥和响应能力。

我国已经成立国家应急办,同时,各行业也不断完善引进各种应急预案及措施,例如北京科技大学土木系在地铁防灾方面进行了研究,对中日韩地铁防灾应急设施进行了比较,并对地铁防灾标识进行了系统优化研究,并作为北京市高校对外推广的研究成果入选《中国大博览－北京卷》。在对防灾标识进行比较研究的基础上(图 7.25、图 7.26),也对日常防灾设施进行了考察与研究(图 7.27~图 7.30)。

图 7.25　北京地铁站内站台处的标识

图 7.26　日本大阪地铁站中的标识

图 7.27　韩国釜山地铁枢纽站台内应急口罩

图 7.28　出入口附近应急救援移动担架

第七章　震后应急救援与恢复重建

图7.29　釜山地铁通道上的蓄电手电筒

图7.30　釜山地铁内专用的救生氧气瓶

图7.31　北京地铁站内"紧急出口"标识

图7.32　日本地铁站反向避难出口

在对日本（东京、横滨地铁）和韩国（釜山地铁）的标识及出入口设置的现场实地调查基础上（图7.31、图7.32）提出了相应的完善与改进措施。

为了增强我国地铁的综合防灾应急能力，尚待完善的防灾措施还表现在：(1) 对于地铁内已有的各类防灾应急设施应加强定期维护，高度重视实施消隐工程，避免类似大邱事件中由于设备陈旧、维护不当而造成的损失；(2) 对于站内标识不明确的地方应合理优化，各类防灾应急设施的标识应准确指出该设施的位置及最基本的使用方法，为了方便国外乘客的使用，各类标识应统一而不应区域化；(3) 我国地铁应吸收国外地铁的先进经验以加强自身的防灾应急能力，如通过各种渠道大力普及使用灭火器材的相关知识；引入氧气瓶、蓄电电筒等一批应急设备；完善应急电话系统和中央控制室系统；对安全隐患较大的地铁增设屏蔽门系统等；(4) 针对近年来威胁社会安定的新灾害类型，我国地铁应引入相应的新型设备，对重点地区进行防控；(5) 针对我国提前进入老龄化社会的大趋势，地铁站内应增设类似釜山地铁的为残疾人及老年人准备的专用设备；(6) 加强对车站客运服务人员和乘客的教育及训练也是极其必要的，今后应定期进行救援演习和紧急逃生训练，提高员工队伍和乘客面对灾害时的综合素质。

7.4 村镇抗震防灾规划与房屋抗震措施

农村地区地域广、地理环境复杂、人文习俗差异较大、建筑风格多式多样，建筑中多使用长期沿袭下来的传统习惯，其中有许多是不良的做法。尤其是随着我国农村经济的发展，新建的农村居住建筑多为2层，由于生活、经营、生产的习惯，现在很多砖混结构的农居建筑其第2层外纵墙多为外推0.6~1.5m，这样的建筑在村庄、集镇以及沿路、沿街的农居建筑中经常可以看到。并且有些农村居住建筑的底层开大门洞用作商铺，这些都严重削弱了建筑物的抗震能力。

根据经济情况的不同，村镇房屋抗震状况大致可以分为三类：第一类是经济高度发达地区，房屋为别墅式建筑，有统一的规划，部分有设计图纸，在一定程度上考虑了抗震设防；第二类是经济中等地区，房屋以平房或者2层的楼房为主，主要为黏土砖墙。虽在一定程度上考虑了结构安全，但基本上未考虑抗震设防。此类房屋数量最大，根据屋盖其结构形式可分为砖木结构和砖混结构，是抗震设防的重点；第三类为山区和边远贫困地区，其结构形式多为生土墙体承重房屋（土坯墙房屋、夯土墙房屋、土窑洞）、砖土混合承重房屋（砖柱土山墙，土坯）等。对这类房屋，无论是概念设计，还是构造要求等均不能满足抗震要求，若进行抗震加固费用将会很高，从经济上来说不如重建。

鉴于我国村镇建筑的诸多隐患，如何加强经济欠发达地区的小城镇和村镇地区房屋抗震能力已是一个十分紧迫的问题。在建设过程中，既要因地制宜建设小城镇与村镇房屋，更要考虑到当地的经济状况。根据上述原因，为加强小城镇和村镇房屋抗震防灾能力，要对将来村镇房屋的发展建设与地震地区的灾后重建工作提出建议和提供建设措施。

7.4.1 村镇抗震防灾规划要点

村镇建设时如能充分考虑抗震问题，在地震发生时灾害就会明显减轻。因此，合理规划村镇和强化抗震工作十分重要。针对村镇抗震防灾的特点，对村镇房屋规划的重点及所应遵循的原则有以下几个方面：

（1）村镇选址合理，避开建设不利地段

震害事实说明，在同一地震区内，尽管建筑结构类型与质量相同，但地震破坏的程度却因地点不同而有很大差别。这就是说，震害的严重程度与村镇场址的选择有很大关系。因此，在地震区进行村镇的规划与建设时，选择场址是非常重要的。

一般来讲，村镇应避开活动断层及断裂带、滑坡、山崩、泥石流等危险地段。因为这类易产生地质灾害的地段，工程处理十分复杂且效果也不十分明显。在饱和水的粉土、砂土上修建的房屋与设施，地震时往往由于砂土液化而产生喷水冒砂以及其他现象，致使地基失效而加剧地面建筑的破坏，因此饱和粉土与砂土场地属于对抗震不利的地段，在这些地段进行工程建设时应根据不同情况采取不同措施，以防止地基失效，避免建筑震害加重。软弱淤泥、人工填土、古河道、旧池塘等地段易产生沉陷及不均匀沉降，在村镇选址时应予以重视。另外，孤突的山嘴、山梁等地形地貌条件由于地震波的反射、折射及复杂的放大作用，一般可使其上建筑物破坏加重。地下水位对震害也有一定影响，特别是砂土场地影响更大，一般规律是地下水位越高,地基震害越重。总之,在村镇选址中,应尽量选择岩石、碎石类土,坚硬密实均匀的土层与平坦开阔、地下水位较深的地段。

此外,一般不要把村镇安排在水库和河流堤坝的下方,因为地震时一旦大坝开裂或河堤溃决,村镇有可能蒙受洪灾。

(2) 规划得当,布局合理,建筑高度适中

村镇主要干道布置要合理,建筑密度要适当。整体规划布局要明确标出整个村居的纵横排房屋的有效间距,主次干道分明、多出口方案和中心广场等,有利于地震时疏散和救援工作。平时的主干道,地震时应当成为抗震防灾的交通要道。因而,它与外界公路、田野要有密切畅通的联系,以便地震时及时疏散人员、抢救伤员和输送物资。道路两旁的建筑之间应有一定的防震间距,一般可按建筑物高度的 1.5~2.0 倍考虑。改造旧村镇时,应拓宽马路、留出疏散与避震通道。居民区的住房也不能过密,要保持一定的建筑密度,不允许违章建筑,以免地震时房屋倒塌堵塞交通,人员无法疏散与躲避而加重灾情。

(3) 留出空地和公园,设置灾后避难场所

对于规模较大的村镇及村镇中的居民点,因距离四周田野较远,一旦发生地震,人员不能及时疏散,因此,村镇中应留有避震用地。避震用地平时可用于美化环境,震时可作为疏散避难的场所。避震场所的使用面积以每人平均 $2\sim 4m^2$ 计算,避震场所的服务半径以 1~2 公里为限。也可以利用打麦场、学校操场、广场绿地等作为避难场所。

(4) 建设从规划、设计、施工各个阶段着手,防止次生灾害

由地震引起的次生灾害主要是火灾和水灾。在防火方面,要增强建筑物的耐火性能,并设置消防设施,在防水灾方面,应确实搞好防洪工程和其他必要的措施。此外,村镇房屋最好建在工厂和危险品仓库的上风地段,以避免地震时工厂及危险仓库的火灾、爆炸等造成严重的次生灾害。

(5) 采取合理措施，保障生命线等公用设施的安全

地震时，应尽量不中断供电、供水和电信系统，这就需要合理安排村镇水源和变电所等，提高这些建筑及设施的抗震能力，并要制定应急措施。要特别注意村镇公用设施的安全，这将有助于安定民心，同时也可以使之在震后抗震救灾中发挥作用。

(6) 强化抗震意识，进行房屋结构的抗震设防，保证工程质量

村镇建筑物应按照有关规定进行抗震设防，这一点是非常重要的。农村建筑的抗震设防目前主要可以从以下两个方面加以考虑：首先要选择对抗震有利的建筑结构型式，然后再针对房屋的结构采取适当的抗震措施。在条件允许的村镇，应尽量修建木结构或砖墙承重房屋，特别要提高房屋的整体性和墙体的砂浆强度，提高施工质量，这对于提高房屋的抗震性能和安全都是有利的。

7.4.2 新建农村房屋的抗震措施

虽然村镇房屋存在着很多隐患，但是只要经过认真的抗震设计，通过合理的抗震设防，采取得当的构造措施，良好的施工质量保证，房屋结构都能够不同程度地抵御地震的破坏。针对建设中出现的诸多现象，我们应采取相应的措施。

(1) 科学论证宅基选择，实地考察建设房屋

选择宅基应避开滑坡、泥石流易发地段，也不要在水库下方或低洼地段建房，以防洪水侵害。在山脚下建房要勘查岩石走向与坡向，若岩石走向与坡向相反，建房安全，反之则危险。在山坡上不宜顺坡建房，而应垂直山坡建房。也不要将房屋建在主风口上（图7.33），也不要建单开间高耸房屋。

图 7.33 建于山区主风口上的危险房屋

旧村改造或成片开发的房屋，最好事先请抗震专家通过科学的论证和实地考察，提供当地场地的地震活动情况和工程地质的有关资料，做出对场地的综合评价，避开不利地段，如断裂带、山坡、沙土液化地带等，建设在较好的地段内。

（2）地基、基础选择合理，工程施工确保质量

地基对于房屋的抗震性能影响很大。在软弱地基上建房，如果地基处理不好，就容易造成破坏。农村建房中，对地基与基础一般都不够重视，特别是在雨水较多、土层分布极不均匀的地区，如不重视地基基础的处理，对抗震是不利的。一般来讲，应先挖基槽、夯实地基或视不同情况做三七灰土基础，或砖基础（图7.34），或块石基础，基础宽度与埋置深度应符合有关规范要求，基础与墙体联结处要设置刚性防潮层，砌筑基础的材料应有一定强度。对于不均匀地段，最好在基础顶部设置圈梁，以提高基础部分的整体性。

在对基础进行处理时，要注意夯实地基；基础要尽可能埋在冰冻线以下，地下水位以上；要挖到老土层，以避免下面存在孔洞和墓穴；房屋要做散水，搞好基础排水措施，以防雨水侵入基础。

（3）房屋重量要轻质，维护结构需牢固

历次地震的震害特点说明，房屋愈重，地震作用愈强；屋顶愈重，晃动愈厉害。因此，在保证房屋正常使用的前提下，房屋的

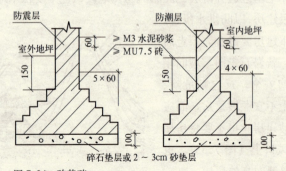

图7.34 砖基础

第七章 震后应急救援与恢复重建

各组成部分应尽量轻。因此最好选用轻质材料，尤其是高房屋的屋顶、女儿墙和附属结构等，以保证结构的抗震性能。同时笨重的围护结构在地震时大量倒塌，同样会造成大灾难，特别是高房子上的围护墙，危险性更大。因此，围护墙结构不仅要选择轻质材料，还要与主体结构牢固连接。

（4）结构布置要适当，建筑体型要规整

就村镇房屋建设而言，科学合理的设计并不意味着进行大量的、繁琐的抗震计算。可以通过合理的建筑设计使建筑体型简单、规整、匀称，尽可能避免平、立面复杂、不规整、不匀称的建筑体型（图7.35）。房屋的平面、立面设计与结构布置，应满足各组成部分能均衡承受地震作用的要求，房屋的整体布局要合理、匀称、规则，尽量避免局部受力或变形过大而引起局部破坏，进而导致房屋倒塌。因此要求：1）建筑体型要整齐。2）横墙间距不可过大。3）承重墙体尽量少开洞。

（5）连接方式要得当，构造措施要加强

房屋结构的各组成部分，必须保证连接成牢固可靠的整体，方能共同抗御地震作用。对于木结构房屋，木屋架与大梁、檩条之间（图7.36），屋面与楼面之间，木柱与柱脚石之间都要保证牢固连接；对于砖承重房屋，要加强纵、横墙的连接，设置圈梁、构造柱等保证结构的抗震性能。

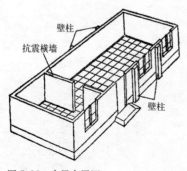

图7.35 房屋布置图

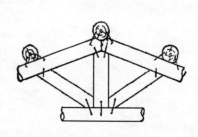

图7.36 梁与屋架的连接

综上所述，现阶段我国小城镇和村镇建房时在抗震设防上存在着许多的隐患，严重影响着我国小城镇和村镇地区抗御地震风险的能力，解决这些问题迫在眉睫，因此我们应该充分重视村镇房屋的抗震问题，并提出一些切实可行的措施来加强我国小城镇和村镇新建房屋的抗震能力，以便在今后地震中最大限度的降低灾害损失。